宇宙の謎

暗黒物質と巨大ブラックホール

二間瀬敏史

Futamase Toshifumi

東北大学名誉教授
京都産業大学教授

人類が初めて見たブラックホールの黒い影。
このブラックホールはM87銀河の中心にあり、
太陽の約65億倍の重さをもった超巨大ブラックホールである。
地球サイズの口径に匹敵する電波望遠鏡イベント・ホライズン・テレスコープ
によって初めて撮影され、2019年4月に公開された。
これによってブラックホールの存在が完全に証明された。(EHT Collaboration)

さくら舎

はじめに

子供は、何に対しても「なぜ」「どうして」といいます。知らないものすべてが、「謎」だからです。科学者も子供と同じです。自然はわからないことだらけです。

アイザック・ニュートンは、「私は目の前に広がっている真理の大海原（おおうなばら）の前で、無邪気に貝殻（かいがら）を拾い集めている子供のようなものだ」といいました。アルバート・アインシュタインは、「大切なことは、疑問をもちつづけること」といいました。

宇宙の謎の代表的なものが、「ブラックホール」、「ダークマター（暗黒物質）」、「ダークエネルギー（暗黒エネルギー）」でしょう。

このどれもが、光（電磁波）では見ることができない（だからブラックとかダークなのですが）ので、「望遠鏡で見る」という天文学の伝統的な方法では観測できません。そのため人類のいちばん古い学問である天文学でも長いあいだ知られることなく、20世紀の後半になってようやく発見されたのです。

そして、**この3つの存在なくしては、現在の宇宙の姿を説明することができないのです。**

さらにダークエネルギーにいたっては、宇宙の未来の運命まで握っています。

ざっくりといってしまえば、**ダークエネルギーは宇宙という舞台を決めているもの、ダークマターはその舞台の中で星や銀河が誕生し、成長するために必要な場所をつくる材料です。**

そして**ブラックホールは星の一生の最期にできる天体の墓場です。**墓場とはいっても、ただ静かに存在しているだけではありません。この墓場は宇宙の中でもっとも騒がしい墓場です。


宇宙にとっては決定的に大事なのに、ダークマターとダークエネルギーに関してはいまのところ、だれもその正体を知りません。ブラックホールに関しては、想像もしなかったブラックホールが21世紀の新たな観測手段である重力波（じゅうりょくは）によって見つかっています。

なぜそんなブラックホールが存在するのか、ダークマター、ダークエネルギーの正体は何なのか、世界中の物理学者や天文学者がその解明に挑戦しています。これらに関する疑問は、現代宇宙論の最先端の研究テーマなのです。そういった疑問をなるべくわかりやすく説明したのが、この本です。

じつは私の博士論文のテーマは重力波に関する研究だったのですが、地上の観測装置で重力波が実際に観測されるのは当分先だろうと考えていました。

ハワイに「すばる望遠鏡」ができたこともあって、研究の主要なテーマを重力波ではなく、観測によって宇宙の起源や進化を探るという観測的宇宙論に移しました。ここ十数年は重力レンズという現象を観測して、ダークマターやダークエネルギーの研究をしています。

２０１５年に実際に重力波が観測されたときは衝撃を受け、重力波の研究もつづけたほうがよかったかなとも思いましたが、実際にモニターに映る数十億光年彼方のたくさんの銀河を眺めていると、ニュートンではありませんが真理の大海原を目の前にするような気持ちになり、これはこれでよかったと自分自身を納得させています。

本書には「ブラックホール」「ダークマター」「ダークエネルギー」をとおして宇宙論についてわかったこと、まだわからないことを書いています。知れば知るほど謎が増えていく、謎だらけの宇宙。「わからないことに挑戦することから思いもかけないアイデアが出てきて、真理に一歩ずつ近づいていく」というのが科学の醍醐味です。読者のみなさんには、このことも感じてほしいと思っています。

二間瀬敏史

目次◎宇宙の謎 暗黒物質と巨大ブラックホール

宇宙の基礎がよくわかる特別講座

第1章　銀河の数だけある巨大ブラックホール

1 不思議ですごい天体「ブラックホール」

2 ブラックホールはどうやってできる?

第3章 ダークマターが銀河を育てた

第4章　宇宙を支配する正体不明の「暗黒（ダーク）エネルギー」

第5章　宇宙の初めと終わりの姿

宇宙の謎　暗黒物質と巨大ブラックホール

宇宙の基礎がよくわかる特別講座

大きく深く広がる謎宇宙
「星雲」はガス雲か、星の集団か?
星の大集団「銀河」の発見
宇宙は膨張しつづけている
宇宙が誕生する前、「空間」と「時間」はなかった
宇宙は大爆発ではじまり、超高温・超高密度の火の玉だった
どんどん解明されている宇宙のしくみ
「過去の宇宙」を見る望遠鏡の進化
地下1000メートルから宇宙を探る日本の観測施設
観測と理論の両面から宇宙に挑む

大きく深く広がる謎宇宙

地球からおとめ座方向の5500光年彼方に、1兆個を超える星をもった巨大な銀河があります。M87と呼ばれるこの銀河は、その大きさのせいばかりでなく不思議な天体として、100年以上も前から注目されていました。

1918年、その中心部から一直線に光のビームのようなものが噴き出しているのが観測されたからです。宇宙ジェットと呼ばれるその光のビームには、ところどころにかたまりがあって、いかにもM87の中心の爆発によって吹き飛ばされたように見えるのです。その後の研究で、M87の中心からは強い電波やガンマ線が出ていることもわかっていました。

これらの現象はこの本のテーマのひとつであるブラックホールのしわざです。**M87の中心には特別なブラックホールがあるのです。太陽質量の65億倍もの質量をもつ、これまで見つかっているなかでは宇宙最大のクラスです。**

じつは私は、この本のテーマのひとつであるダークマター（暗黒物質）の研究のためにM87を「すばる望遠鏡」で見たことがあります。もちろん直接肉眼で見ることはできません。すばる望遠鏡に設置した巨大なCCDカメラによって映った映像をモニターで見るのです。

ジェットもちろんですが、もっと**驚異的だったのはM87のまわりを無数の光の点が、まるでノミのように密集して囲んでいる**ことでした。この点は10万～100万個ほどの星が球状に集まった星団「球状星団」です。われわれの銀河系のまわりにも球状星団はありますが、その数は150個程度です。**M87ではなんと1万個以上の球状星団があるのです。**

これは10年ほど前の観測でしたが、この銀河の中心に直径数百億キロメートルのブラックホールがあるんだ、やはりM87は特別だな、という思いで、飽かずにモニターを眺めていました。

当時すでに、**ブラックホールのまわりの電波を観測することでブラックホールの姿を浮かび上がらせるという「イベント・ホライズン・テレスコープ」という国際プロジェクトがスタート**していました。日本は参加していましたが、まだ参加する電波望遠鏡の数は少なく、実際にブラックホールの姿はいつ見えるのかよくわからない状況でした。

しかし徐々に参加する電波望遠鏡の数が増え、2014年には南米チリのアタカマ高原に設置された66個の電波望遠鏡（通称「アルマ電波望遠鏡」）がそろい、本格的に運営を開始し参加したことで、飛躍的に精度が上がりました。成果もだんだん上がってきて、数年前にはあと2～3年でブラックホールが見えるかも、という状況になってきました。

2017年4月、地球上の8つの電波望遠鏡のデータを合成することで実質的に直径1万キロメートル（地球サイズに匹敵）という電波望遠鏡による観測をおこない、膨大なデータの解析に約2年を費やし、**2019年4月、周囲の明るいリングの中に黒いブラックホールの影「ブラッ**

クホールシャドウ」が世界中に画像として公開されました（カラー扉参照）。長いあいだ頭の中でしか想像できなかったブラックホールを、目の当たりにできるようになったのです。

宇宙はどのくらい大きいのでしょう。一言でいうと大きさ数百億光年。といっても、ピンとこないかもしれません。じつはこの本を書いている私でさえ、その大きさは実感できません。

地球から太陽までは約1億５０００万キロメートル、光で約５００秒かかります。これを「５００光秒」といいます。**光が1年かけて走る距離を「1光年」といい、約９兆４６００億キロメートル**という途方もない距離です。

２００３年に打ち上げられ、小惑星「イトカワ」に到着し、２０１０年に地球帰還を果たして話題を呼んだ小惑星探査機「はやぶさ」が7年かけて旅した距離は、約60億キロメートルでした。

これまで最も遠くまで人類が送った人工物は、ＮＡＳＡ（アメリカ航空宇宙局）が１９７７年に打ち上げた探査機ボイジャー1号です。２０１９年の時点で地球から約２１０億キロメートルの彼方まで達しています。光の速度でも19・4時間（19・4光時）かかる距離です。これでもまだまだ太陽系を脱出していません（よく混同されがちですが、脱出したのは太陽圏〔太陽風が届く範囲〕です）。

3光月（光速で3ヵ月）程度まで行くと、「オールトの雲」と呼ばれる彗星の巣が現れます。この領域は1光年程度までつづき、ようやく太陽系の果てとなります。ほかの恒星まではもう一歩です。太陽からいちばん近い恒星までの距離は約4・3光年なのです（恒星とは夜空に見える星座をつくる星のように自ら輝く星のことで、太陽系にあるのは太陽だけ。地球のように自らは光らず恒星のまわりを回る星は惑星(わくせい)。

太陽のような恒星が円盤状に約2000億個集まって「銀河系」という大集団をつくっていますが、その円盤の大きさは半径数万光年、**太陽は円盤の中心から約2・8万光年も離れた辺境に位置しているのです**（第2章**5**図9参照）。

「星雲」はガス雲か、星の集団か？

銀河系の大きさがわかってきたのは20世紀に入ってからですが、それまでは宇宙とは無限に広い空間で、そこに星はほぼ一様に分布しているものだと思われていました。

しかし、宇宙空間には星ばかりではなく、星雲と呼ばれる雲のような一見ガス状の天体も観測されていました。惑星(わくせい)状星雲と呼ばれる一部の星雲は、近くの星によって照らされて光っているガス雲ですが、そうでない渦巻(うずま)き型の星雲もあります。前者の代表が「オリオン星雲」であり、後者の代表が「アンドロメダ星雲」です。

ここで、「アンドロメダ星雲のような天体はじつは星の大集団であって、非常に遠くにあるので、1個1個の星が分離して見えず雲のように見える」という考えが出てきました。実際、20世紀初頭につくられた口径2・5メートルの望遠鏡でも、アンドロメダ星雲の端ではたくさんの星ができていることが観測されました。

それでも「渦巻き型の星雲はやはり星と星のあいだに漂っているガス状の天体であり、観測された星はそのガスから生まれた星である」という考えもあり、両者は1910年代の天文学界で激しい論争をくり広げていました。この論争に決着をつけ、新たな宇宙観を築いたのがアメリカの天文学者エドウィン・ハッブルでした。

星の大集団「銀河」の発見

ハッブルはアンドロメダ星雲までの距離を測りました。ハッブルはそのために、明るさが周期的に変わる「変光星(へんこうせい)」という星を利用しました。

変光星とは、ある周期で「見かけの明るさ」が変化する星のことです。遠くにある星の明るさ(見かけの明るさ)は、その光が地球に届くまでに弱くなっているので、本来の明るさ(絶対的な明るさ)とは異なります。そして、ある種の変光星は、「変光の周期」と「絶対的な明るさ」

に相関関係があります。変光の周期を観測すれば絶対的な明るさがわかり、その星が実際にどのくらいの明るさで観測されたかを知れば、その星までの距離がわかるのです。**絶対的な明るさと見かけの明るさの差が大きいほど、遠くにある**という理屈（りくつ）です。

ハッブルはアンドロメダ星雲の中に十数個の変光星を見つけ、その変光周期と見かけの明るさを測り、アンドロメダ星雲までの距離を推定しました。

その結果、なんとアンドロメダ星雲までの距離は約80万光年となり、はるか彼方の天体で、**星の大集団である**ことが確定的になったのです。こうなるとアンドロメダ星雲という名前は都合が悪く、**「アンドロメダ銀河」**と呼ばれるようになりました。

じつはハッブルの得た距離は間違っていて、正確な値（あたい）は約２５０万光年です。間違った原因は、測定に用いた変光星の変光周期と絶対的な明るさの関係が違っていたからです。いずれにせよ、宇宙の主役は「星から銀河へ」と変わったのです。

宇宙は膨張しつづけている

ハッブルはさらに遠方の銀河に対してもその距離を測定し、驚くべきことを発見しました。それは**「遠くの銀河ほど速い速度でお互いに遠ざかっている」**という事実でした。

　これはわれわれの銀河が宇宙の中心にいて、ほかのすべての銀河がわれわれから遠ざかっているからではありません。どの銀河を見ても、お互いの距離に比例した速度、つまり離れた銀河になればなるほど高速で「お互いに遠ざかっている」ということです。ここはちょっと難しく思えるかもしれません。

　よくたとえられるのは、レーズンパンがオーブンの中で膨(ふく)らんでいる状態です。パンの生地(きじ)が空間、パンの中のレーズンが銀河に対応すると考えてください。パンが膨らむにつれて、パンの中のレーズンはお互いに遠ざかっていきます。**宇宙は、無限に大きく膨らむレーズンパンのようなもの**なのです。

　こうして１９３０年代に「宇宙とは、だんだん広がっていく空間の中に銀河がパラパラと分布している」という宇宙観ができ上がりました。

　じつはハッブル以前に宇宙膨張(ぼうちょう)を唱えていた人がいました。ベルギーの聖職者・物理学者ジョルジュ・ルメートルです。ルメートルの研究はベルギーのフランス語の雑誌に発表されたので長いあいだ注目されなかったのですが、21世紀になって広く知られるようになり、現在では宇宙膨張の発見者として、ハッブルとルメートルの両者の名前があげられるようになっています。

　この宇宙膨張の理論的な基礎を与えているのが、アインシュタインの「一般相対性理論」です。一般相対性理論はニュートンの重力理論に代わる新しい重力の理論です。この理論では、空間自体の膨張やその逆の収縮までも扱うことができるのです。

宇宙が誕生する前、「空間」と「時間」はなかった

この宇宙膨張は、大ざっぱにいって1年に100億分の1だけ、空間は広がっています。言い換えると、「100億光年の距離が1年間に1光年だけ長くなっている」ということです。

ごくごくわずかな広がりですが、この意味するところは甚大（じんだい）です。それは現在100億光年の距離が「100億年前にはほぼゼロだった」ということを意味するからです。

正確にいえば、**いまから約137億年前、すべての銀河は**（もしそのときに銀河が存在していたとすれば）**お互いに重なっていた**のです。実際には銀河は宇宙のある時期に誕生したので、そんな過去には存在しません。実際に起こったこととは、137億年前、「空間のいたるところが無限に圧縮されていた」のです。

私たちはつねに空間が存在しているという先入観があり、たとえば風船が膨らむとか縮むというときには、空間の中で風船が膨らんだり縮んだりすることをイメージします。

しかし、宇宙の場合はそうではありません。「風船自体が空間であり宇宙」なのです。〝空間の外〟は何かといわれれば、「〝空間の外〟という概念自体が存在しない」というほかありません。

そして137億年以前、「空間が存在しないところ」では「時間も存在しない」のです。

宇宙は大爆発ではじまり、超高温・超高密度の火の玉だった

「空間がない、時間がない」ということは何を意味しているのでしょう。

宇宙のはじまりは現在の物理学者にとってもよくわかっておらず、現代物理学の最大の難問になっています。しかしその問題は少し忘れて、「宇宙膨張を素直に受け入れて、宇宙にはじまりがあったとしたら、その頃の宇宙はどんな状況で、どんなことが起こったのだろうか」と考える物理学者がいました。ソビエト連邦（ソ連）から亡命してきたアメリカの物理学者ジョージ・ガモフです。

ガモフは、**宇宙は大爆発ではじまり、初期の宇宙は超高温、超高密度の火の玉だった**と考えました。この大爆発を「ビッグバン」といい、ガモフの考えを「ビッグバン宇宙論」といいます。

この説はすぐに受け入れられたわけではありません。それどころか、多くの研究者は疑いの目をもって見ていました。当時、より広く受け入れられていたのは「定常（ていじょう）宇宙論」と呼ばれる理論です。宇宙にはビッグバン理論で考えるようなはじまりはなく、無限の過去から無限の未来まで同じような状態にある、というものです。

とはいっても宇宙膨張は観測的な事実なので、それを素直に認めると、「過去は高密度で未来はスカスカ」ということになってしまいます。そこで定常宇宙論では宇宙膨張をおぎなうように「物質は真空からつくり出され、銀河が次々と生まれる」と考えました。

定常宇宙論の旗振り役は、イギリスの天文学者フレッド・ホイル、トーマス・ゴールド、ヘルマン・ボンディなど当時のそうそうたる研究者で、ガモフとのあいだで論争をくり広げました。しかし1965年、**宇宙がかつて超高温であった証拠である「宇宙マイクロ波背景放射」が発見されるに**いたり、定常宇宙論はとどめを刺されました。

宇宙マイクロ波背景放射とは、現在の宇宙をくまなく満たしている、波長が2ミリメートル程度の電磁波のことです。過去の超高温の宇宙で高いエネルギー（＝短い波長）をもっていた光（光も電磁波の一種）が、宇宙の膨張によってエネルギーを失って低いエネルギー（＝長い波長）のマイクロ波となり、それが観測されたのでした。

こうして「宇宙にはビッグバンというはじまりがあった」となったのです。

さて、**ビッグバン直後の状態は超高温、超高密度で、物質は素粒子のレベルまでバラバラにされていました。**ビッグバンから約38万年後、宇宙の温度は約３０００度（絶対温度）まで下がり、ようやく現在私たちが見る物質（水素原子）がつくられたのです。

このような宇宙の進化を理解するには、一般相対性理論だけでは不十分です。超高温、超高密度状態で物質がどうなるのかという原子核物理学、素粒子論などミクロな物理学の知識が必要になってきます。

さらに**宇宙のはじまりを研究するには、宇宙全体を量子力学的な対象として考える必要があります。**量子力学とは素粒子のようなミクロの存在を支配している法則です。このような研究分野を「量子宇宙論」といいます。宇宙論の醍醐味のひとつは、このようなミクロの法則と宇宙というマクロな存在の深い関係にあります。**宇宙というとてつもない大きなものを追っていくと、目に見えない極小の世界に通じていく**不思議さです。

じつは、宇宙膨張のところで出てきたルメートルは、ガモフに数年先駆けてビッグバン理論と同等の「宇宙のはじまりは超高温、超高密度状態だった」という宇宙創成の説も提唱しています。この研究も長いあいだ広く認識されることがありませんでした。

どんどん解明されている宇宙のしくみ

ビッグバン理論では、宇宙の初めは超高温、超高密度で、物質は素粒子にまで分解されていました。しかし**現在の宇宙には、惑星、恒星、銀河、銀河団**などさまざまな**天体が存在**しています。現在の宇宙年齢は137億歳ですが、137億年のあいだに宇宙はどうやってこれらの構造を成長させてきたのでしょう。

ビッグバンから数億年後、最初の銀河が生まれました。銀河同士はお互いの重力によって引きつけあって集団をつくるようになり、銀河の集団、銀河団ができます。これが、1980年頃までの私たちがもっていた宇宙の姿でした。

その後、1980年代頃から宇宙論がどんどん変わっていきます。

まず1980年前後に**「インフレーション理論」**が日本の佐藤勝彦（さとうかつひこ）やアメリカのアラン・グースによって提案されました。インフレーションとは宇宙のごく初期に起こった急激な膨張です。**宇宙はミクロの状態ではじまり**ましたが、ミクロな宇宙というのはじつは不安定で、すぐに消滅してしまいます。しかし、**インフレーションによって急激に膨張させることで消えずに、マクロな宇宙へと生まれ変わる**のです。このような宇宙の誕生、消滅をとりあつかうのが量子力学の考え方を使った量子宇宙論です。

そしてインフレーションを引き起こしたエネルギーは熱となって消え、宇宙を加熱し大爆発を引き起こすのです。この大爆発がビッグバンだと考えられるようになりました。

また1980年代の観測の進展によって**「ダークマター（暗黒物質）」**の存在が確実になり、

銀河がどうやってつくられていくのかについての理解が大きく進みました。

そして2000年頃、**宇宙の膨張速度がどんどん速くなっていることが発見され、「ダークエネルギー（暗黒エネルギー）」**の存在が確実視されるようになったのです。

「インフレーションの前に何が起こったのか」「どのように銀河ができ、そして銀河団ができるのか」さらに「宇宙がどのように膨張するのか」「今後どうなるのか」ということは、宇宙をつくっているエネルギーがどのようなものかによります。

「過去の宇宙」を見る望遠鏡の進化

天文学研究の最大の武器はなんといっても望遠鏡です。1609年、ガリレオが自作の口径3センチメートルにも満たない望遠鏡（凹凸（おうとつ）レンズを使った屈折（くっせつ）望遠鏡）を夜空に向けたときから、天文学の新しい時代がはじまりました。そして1668年には、ニュートンが反射鏡をつかった反射望遠鏡を発明しました。

その後、屈折望遠鏡、反射望遠鏡ともに大型化、改良されていきます。口径が大きくなればなるほど受け取る光の量が多くなり、それだけ淡く遠い天体を見ることができます。**遠くの宇宙を**

見ることは、その宇宙で起きていた「過去の出来事」を見ることです。したがって、口径が大きいほど過去の宇宙を見ることができるのです。

屈折望遠鏡の大型化には技術的に限度があり、大きな望遠鏡はすべて反射望遠鏡になっていきます。その後、鏡の素材やメッキ技術など改良がくわえられ、さらに写真乾板が用いられるようになって、より精度の高い観測とデータの正確な記録がとれるようになりました。

１９１８年には口径２５４センチメートルの望遠鏡がアメリカでつくられました。この望遠鏡を使って、ハッブルがアンドロメダ銀河までの距離を求め、宇宙膨張を発見したのです。

１９４８年に、アメリカ・パロマ山に口径5メートルの望遠鏡がつくられた後は、長いあいだ望遠鏡の大型化は停滞しましたが（１９７８年、ソ連で口径6メートルの望遠鏡がつくられましたが、失敗作だといわれています）、１９８０年代に革命が起こりました。「ＣＣＤカメラ」の登場です。

それまで望遠鏡で受け取った光は写真乾板で記録しましたが、これでは受け取った光の数パーセントしか記録できませんでした。ＣＣＤカメラは光を電子信号に変えることで記録します。光の波長にもよりますが記録率は80パーセント程度にもなり、これによって遠方宇宙の観測が大きく進むことになったのです。

１９９０年代から望遠鏡の口径の大型化も進み、8メートルから10メートルクラスの望遠鏡建設がはじまりました。ハワイにある日本の**「すばる望遠鏡」**もそのひとつです。これによって１

００億光年以上遠方の宇宙観測が本格的にはじまりました。

もうひとつ、望遠鏡の歴史にとって特筆すべきことは、１９９０年、ＮＡＳＡによって口径２・４メートルの望遠鏡が地上６００キロメートルの地球周回軌道に打ち上げられたことです。この望遠鏡は「ハッブル宇宙望遠鏡（Hubble Space Telescope。略称ＨＳＴ）」と名づけられました。

空気による像の乱れがないため、小口径にもかかわらず、地上の望遠鏡では考えられないほどの鮮明さで宇宙観測がおこなえます。１００億光年以上彼方の宇宙の姿を克明にとらえ、原始銀河の形状を観測したり、宇宙の膨張速度の正確な値を決めるなど、天文学を大きく発展させたのです。

ここまでは、おもに私たちの目が感じる光、可視光で宇宙を見る光学望遠鏡の話でした。しかし、**宇宙には可視光だけでなく、さまざまな波長の電磁波を放出している天体があります。**たとえば、星が生まれる星間雲や磁場をもった天体からは、可視光よりも波長が長くエネルギーが低い電波が出てきます。また、ブラックホールのまわりからは、反対に波長が短くエネルギーが高いＸ線が出てきます。

したがって、光学望遠鏡だけの観測では、「宇宙の真実の一部しか見ていない」ことになるのです。現在では、**電波望遠鏡**、**Ｘ線望遠鏡**などさまざまな波長の電磁波を観測できる望遠鏡が、宇宙を見つめています。実際に冒頭でも述べたブラックホールシャドウの観測は、電波望遠鏡によっておこなわれました。

地下１０００メートルから宇宙を探る日本の観測施設

岐阜県飛騨市（旧神岡町）に、奈良時代から採掘がはじまったという言い伝えがある鉱山があります。亜鉛、鉛、銀などを産する鉱山ですが、亜鉛鉱石に含まれるカドミウムによって富山県神通川流域で発生した公害「イタイイタイ病」の原因鉱山といったほうが有名かもしれません。

鉱山としてはすでに廃鉱になったのですが、いまや宇宙を探る最先端の基地（神岡宇宙素粒子研究施設）としてよみがえっています。鉱山の採掘技術を生かして地下１０００メートルに広大な空間をつくり、そこに日本が世界に誇る最新鋭の科学観測装置が設置されて、日夜宇宙の謎に迫る観測をしているのです。

地下からはもちろん夜空は見えません。どうして地下深くから宇宙の観測ができるのでしょう。それは**地上ではとらえにくく、地下のほうがとらえやすいものが宇宙からやってくる**からです。そして、それは光では得られない貴重な情報を運んでくるのです。

それがニュートリノであり、ダークマターであり、重力波（じゅうりょくは）です。

ニュートリノは、星の一生の最期の大爆発で大量に放出される素粒子です。それを観測することで星の最期の状態や、爆発の様子がわかります。

ダークマターは、光（電磁波）を出さず、また吸収もしませんから、普通の望遠鏡では直接観測することができません。しかし、銀河をつくるためになくてはならない材料で、銀河系はダークマターの大きなかたまりの中でできるのです。

銀河系の中にある太陽系は、ダークマターの中を運動しているといえます。ダークマターをつかまえることができれば、その正体をあばき、銀河がどのようにしてできたかがわかるのです。

重力波とはアインシュタインの重力理論「一般相対性理論」が予言する現象です。アインシュタインは「重力とは空間のゆがみ」であるという着想を得て、天体が激しい運動をすると、そのまわりの空間が振動し、その振動が、海面に波が伝わるように、波となって遠方へと伝わっていくと考えました。これが重力波です。

たとえば星の大爆発、銀河形成にともなうブラックホール同士の衝突、ビッグバンなどから大量に放出されます。重力波を捕まえることができれば、ブラックホールの形成、銀河形成、さらには宇宙のはじまりまでわかることになります。しかし、その空間のゆがみはごくごくわずかで、たとえば数千万光年彼方の超新星爆発によって放出された重力波は、太陽と地球の距離を「原子1個分だけ」しか変化させません（重力波の強さは重力波源までの距離、その運動の激しさなどによって異なります）。

　ニュートリノもダークマターも重力波も、観測はきわめて困難です。その理由は、それらが「どんなものも素通りしてしまう」性質をもっているからです。これはほとんどほかの物質と衝突しないということであり、物理学では「相互作用がきわめて弱い」という言い方をします。

　相互作用がきわめて弱いので検出装置は特別なものが必要で、ほんのわずかな外界からの影響も注意深く排除しなければなりません。地下深くは、外界の影響を避けるのに最適なのです。

　現在稼働しているのは2つのニュートリノ検出装置「スーパーカミオカンデ」と「カムランド」です。

　1987年、「カミオカンデ（スーパーカミオカンデの前身）」が大マゼラン星雲に現れた超新星からのニュートリノを検出し、それによって超新星爆発のメカニズムの理解が大きく発展しました。2002年、小柴昌俊（こしばまさとし）博士がノーベル物理学賞を受賞したのも、この発見によってです。2015年には梶田隆章（かじたたかあき）博士が同じく「スーパーカミオカンデ」によるニュートリノ質量の発見で、ノーベル物理学賞を受賞しています。

　もうひとつの装置「カムランド」は、地球内部の放射性元素（げんそ）から放射されたニュートリノを検出することで、地球の内部構造について直接の情報を初めてもたらしました。

　2015年、アメリカの重力波望遠鏡「LIGO（ライゴ）」が、重力波を検出したというニュースが新聞紙上をにぎわせました。重力波が直接観測されたことに加え、その重力波が太陽質量の36倍と29倍の２つのブラックホールの衝突から出てきたものだったことが、世界中の天文学者を驚かせました。

ブラックホールは星の最期の大爆発でできますが、できたブラックホールの質量はせいぜい太陽の数倍程度だと考えられていたからです。くわしくは第1章で説明します。いずれにせよ、さらに多くのブラックホール連星を見つけることが重要です。

そのために神岡鉱山の跡地に重力波望遠鏡が完成していて、２０１９年の後半から観測がはじまります。この望遠鏡は神岡（ＫＡＭＩＯＫＡ）のＫＡと重力波の英語ＧＲＡＶＩＴＡＴＩＯＮＡＬ ＷＡＶＥのＧＲＡをとって通称「KAGRA（カグラ）」と呼ばれています。

この神岡鉱山の重力波望遠鏡は、ほんの手はじめにすぎません。将来的には、さらに巨大な望遠鏡を地球の公転軌道に乗せる計画が、ヨーロッパとアメリカ、中国、そして日本で議論されています。

日本の計画は、お互いに１０００キロメートル離れた3基の衛星にのせた鏡のあいだでレーザー光を往復行させて、重力波によって引き起こされる衛星間のごくごくわずかな距離の変化を測定するものです。

重力波は21世紀に人類が手に入れた宇宙観測の最終兵器のようなものです。21世紀中には宇宙開闢（かいびゃく）の瞬間に出てきた重力波をとらえ、宇宙のはじまりの様子を探ることができるかもしれません。

観測と理論の両面から宇宙に挑む

現在の宇宙論の関心のひとつは、銀河や恒星、惑星の誕生を解明することです。そのためには地上の10メートルクラスの望遠鏡、ハッブル宇宙望遠鏡をもってしても不十分です。

そこでアメリカ、カナダ、日本の共同で、口径30メートルの超巨大望遠鏡が2025年完成を目標に計画されています。この望遠鏡は、492枚の鏡を合わせて口径30メートルとし、ハワイのマウナケア山頂に現在建設中です。

マウナケア山頂には**「ケック望遠鏡」**や「すばる望遠鏡」などがすでに設置されていますが、この望遠鏡はこれらに比べて10倍の解像力をもち、生まれたての銀河の詳細を観測できるでしょう。同じような超巨大望遠鏡は、ヨーロッパでも計画されています。

宇宙望遠鏡にも新たな計画があります。ハッブル望遠鏡はやがて運用を終了します。その後、NASAとヨーロッパ宇宙機関（ESA）とカナダ宇宙局（CSA）は、共同で口径6・5メートルの宇宙望遠鏡の打ち上げを2021年に予定しています。

この望遠鏡はNASAの2代目長官ジェームズ・ウェッブにちなんで「ジェームズ・ウェッブ宇宙望遠鏡」、略して「JWST（James Webb Space Telescope）」と呼ばれています。

この望遠鏡は、太陽光をさえぎるため地球から150万キロメートルの距離に置かれることになります。130億光年彼方や原始星からの微弱な光（赤外線）をとらえるために、マイナス摂氏220度に冷やされる予定です。JWSTは原始銀河のくわしい構造、原始星の誕生の観測に威力を発揮することが期待されています。

南米チリでは、高度5000メートルの高原に66台の電波望遠鏡を並べ、口径18・5キロメートルの電波望遠鏡に匹敵する性能をもつ電波望遠鏡（「アルマ望遠鏡」）がつくられ、2012年から本格的に観測がおこなわれています。この望遠鏡は電波の中でもミリ波、サブミリ波と呼ばれる波長10ミリメートルから0・1ミリメートル程度の電磁波で宇宙を見る望遠鏡です。すでに惑星誕生の観測、ブラックホール観測で大きな成果をあげています。

宇宙の果てからやってくる光は宇宙膨張のために波長が引き伸ばされて、可視光ではなくサブミリ波やミリ波として観測できるようになります。遠ければ遠いほど過去の銀河なので、まさに銀河誕生の現場が観測されるかもしれません。

宇宙の終わりがどうなるかは、ダークエネルギーの性質によって決まります。そこでダークエネルギーの解明を目的とした観測も、世界中で計画されています。

その先頭を切っているのが、ハワイにある日本のすばる望遠鏡を使った観測です。口径8・2メートルのすばる望遠鏡に設置されているデジタルカメラは、画素数8億7000万、満月の9倍に匹敵する天球上の面積を一度に撮像することができます。この視野は口径8メートルから10メートルクラスの望遠鏡では抜群に広く、それがすばる望遠鏡の威力のひとつです。

たとえばその視野の広さを利用して、一度に多くの銀河を撮像することによって、120億光年を超える何千万という遠方銀河が観測されています。

そして、このカメラを用いてダークエネルギーの観測がおこなわれています。遠方の銀河からの光は、地球に届くあいだに存在する銀河や銀河団の構造によって影響を受けて、遠方銀河の形がわずかに変形します。われわれの銀河系からの距離ごとに多数の銀河の形状を正確に測定することで、宇宙の中で構造がどのように成長してきたかがわかります。このことからダークエネルギーの性質を調べるのです。

2～3年後にはダークエネルギーについてどんな性質をもっているのか、そして宇宙の未来がどうなるのかを、もっと確信をもって予言できるようになるかもしれません。

このように天文学、宇宙論は、ぞくぞくと現れる最新鋭の観測機器によって、宇宙のはじまりから、構造の形成、そして宇宙の未来にいたるまで理解が大きく進むでしょう。その過程で、これまでの天文学・宇宙論の発展がそうであったように、多くの思いがけない発見があるにちがいありません。

ハッブル望遠鏡やすばる望遠鏡が見せてくれた驚異的な宇宙の画像を凌駕（りょうが）するすばらしい宇宙の姿を、新しい観測装置は見せてくれるはずです。

また、素粒子物理学や量子宇宙論もどんどん発展していくでしょう。現在はわからない宇宙のはじまり（時間と空間のはじまり）も、研究が進めばわかるかもしれません。ダークマターやダークエネルギーの正体もわかるかもしれません。もしかしたら、インフレーションが起こる以前にも別の宇宙があったのかもしれません。

観測と理論の両方で、これからますます宇宙から目が離せませんね。

第1章　銀河の数だけある巨大ブラックホール

1 不思議ですごい天体「ブラックホール」

もしも、小さくてすごく重い星があったら……

人類がブラックホールらしきものの存在に気がついたのは、18世紀後半というかなり早い段階です。もちろん、それは本当のブラックホールではありませんが、ブラックホールの本質的な特徴をとらえています。

17世紀、ニュートンがリンゴが木から落ちるのを見て重力の法則に気がついたという逸話（いつわ）があるように、地球はその莫大（ばくだい）な質量によってリンゴも月も引っぱっています。**重力は万有引力（ばんゆういんりょく）とも呼ばれるように何でもかんでも引っぱる**のです。

「では光も引っぱるのか？　もし光も重力によって引っぱられるなら、どんなことが起こるだろう」

と考えた人がいました。ピエール・シモン・ラプラスというフランスの数学者と、イギリスの天文学者ジョン・ミッチェルです。

ラプラスは数学者としても有名ですが、物理学、天文学にも多彩な才能を発揮した人物です。ミッチェルはラプラスほど有名ではありませんが、ねじり秤（ばかり）の考案、地震の研究や恒星（こうせい）までの距離の測定法などさまざまな研究を手がけた異才であったようです。

彼らの考えをたどるために、仮に**地球の重力がもっと強かったら何が起こるか**という実験をしてみましょう。「思考実験」です。

たとえばボールを、真上に投げるとき速く投げれば投げるほど高いところまで届きます。もし秒速約11・2キロメートルで上げると、もう戻ってくることはありません。地球の重力を振り切って宇宙へと飛び出していきます。**地球の重力を振り切る速度のことを「地球の脱出速度」といいます。**

では、太陽の表面から同じことをしたらどうでしょう。もちろん太陽の表面は約５７００度という高温ですから実際には不可能ですが、思考実験なら簡単です。

太陽は地球よりも約33万倍重いので、脱出速度も大きくなります。じつは脱出速度は太陽の質量だけではなく、太陽の大きさ（中心から表面までの距離）にもよります。**中心からの距離が大きいほど重力は弱くなるので、脱出速度も小さくてすむ**のです。

太陽の半径は地球より約１００倍も大きいので、そのぶん脱出速度は小さくていいのですが、質量による重力の影響のほうが大きく、結局、**太陽の脱出速度は秒速約６１８キロメートル、時速にすると**この３６００倍ですから**２２２万４８００キロメートル**というとんでもない速度になります。

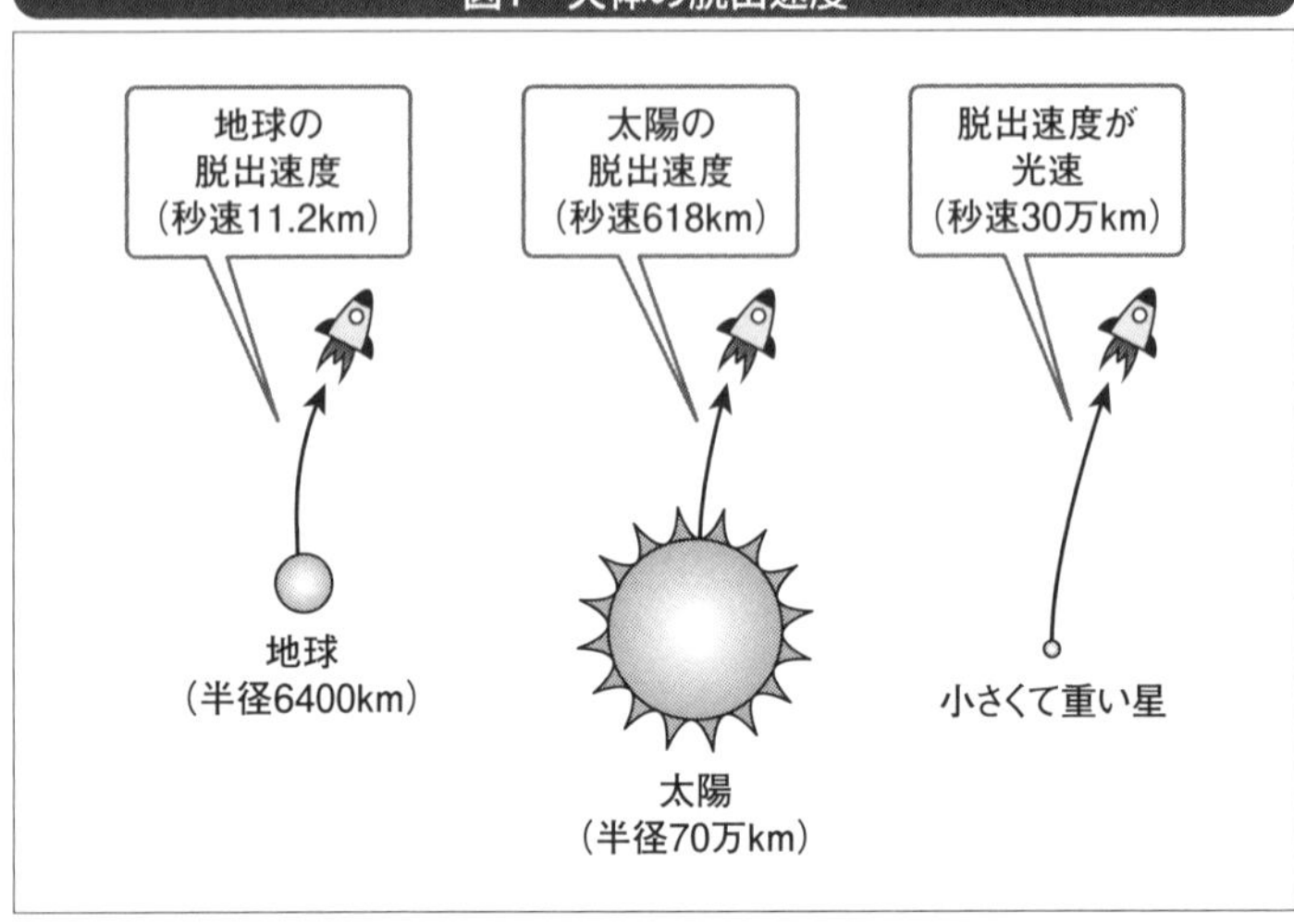

図1　天体の脱出速度

とはいえ、この程度では光速のたったの0・02パーセント程度にしかすぎません。

しかし、**質量が大きくて小さい天体があれば、その天体からの脱出速度が光の速度（秒速30万キロメートル）**になることもあるだろうとラプラスとミッチェルは考えたのです。もちろん、そんな天体が本当に存在するとは、彼らも考えてはいなかったでしょう。

ところが、**そんな天体、ブラックホールは実際に存在するのです**。それもこの宇宙に無数といっていいほどに存在します。

どこにブラックホールがあるのか、どうやって観測するのでしょう。その話をする前に、ブラックホールはラプラスやミッチェルが考えた以上に不思議な天体であることを説明しておきましょう。

光の速度は特別――アインシュタインの相対性理論

ラプラスやミッチェルが考えたように、光がそこにへばりつくほど重力が強い天体というだけでも十分不思議ですが、ブラックホールは彼らの想像をはるかに超えて不思議な存在です。

それを知るには、ラプラスたちが知らなかったことを知る必要があります。それは**光の速度が特別だということです。**

ラプラスをはじめ当時の人はだれも、光の速度に特別の意味があるとは思っていませんでした。たとえ光（光は「光子（こうし）」と呼ばれる粒子の集まり）では見えなくても、より速い粒子があれば、その粒子は彼らの考えたブラックホールから出てくることができるので、その粒子を受け取ることでブラックホールを「見る」ことができます。

ところが20世紀に入って、アインシュタインは「光の速度はそれを測る人の速度に関係なく一定である」こと、そして「光より速く走る物体は存在しない」ことを突き止めたのです。

- **光の速度はつねに一定**
- **光より速く走る物体は存在しない**

これがどれだけ不思議なことかは、日常経験に比べてみればわかります。

図2 アインシュタインの相対性理論

特殊相対性理論（1905年）

○光速度不変の原理：光の速さは光源の運動に関係なく一定である

○特殊相対性原理：互いに等速直線運動をする観測者に対し、物理法則は同じ形で表される

○質量とエネルギーの等価性：質量とエネルギーは同等である。$E=mc^2$

一般相対性理論（1916年）

○等価原理：重いものも軽いものも同じ加速度で落下する

○アインシュタイン方程式（重力場の方程式）：

$$R_{\mu\nu}-\frac{1}{2}g_{\mu\nu}R=\frac{8\pi G}{c^4}T_{\mu\nu}$$

○一般相対性原理：互いに加速度運動をする観測者に対し、物理法則は同じ形で表される

高速道路を走っている2台の車を考えます。前を走っている車をあなたが乗っている車が追い越すことを考えるのです。あなたがアクセルを踏んで速度をあげれば、前の車に近づいていきます。そして追い越し車線で並び、追い越すのです。

あなたと前の車の速度の差はだんだん小さくなり、同じ速度になり、そしてあなたのほうが速くなります。だからあなたから見ると、前の車はだんだん遅くなり、止まり、そして後ろに遠ざかっていくでしょう。

でも、前に行く車が光だったら、これとはまったく違ったことが起こります。あなたがいくら速く追いかけても、追いつくどころか、あなたから見た光の速度はまったく変わらないのです。あなたは光の速度を超えることは決してできないのです。

この不思議な理論が「特殊相対性理論」です。

アインシュタインは17歳の頃、「光を光の速度で追いかけたら、光はどう見えるのか」と考えたそうです。それから8年後の1905年、この問題を解決して、特殊相対性理論をつくりました。特殊相対性理論では重力を扱うことができなかったのですが、10年後、アインシュタインは重力を説明できる「一般相対性理論」をつくりました。

（ちなみに、アインシュタインの得た答えは「光を光の速度で追いかけても光は止まって見えない。どんなに追いかけても、光は光の速度で走る」ということでした）

では、特殊相対性理論は、光のこの問題をどのように解決したのでしょう。アインシュタインはこう考えました。

速度というのはある時間のあいだに走った距離であり、だれが測っても光の速度が同じなら、変わるのは時間と空間のほうだ。**違った速度で運動している人は、それぞれ違った時間の流れ・空間の尺度をもっている**、とするのです。

ただし、どんな速度の人が測っても光の速度が同じになるように、お互いの時間と空間が変化しているはずです。こうして、だれにとっても同じように流れる時間（絶対時間）、未来永劫（えいごう）不変の空間（絶対空間）は、消えてなくなりました。（第4章18参照）

その代わり現れたのが「4次元時空」という概念です。それまで関係があるとはだれひとり想像もしなかった時間と空間に密接な関係があって、一体として扱わなければいけなくなったのです。

それぞれ**観測者は、4次元時空の中で光の速度がある決まった値（秒速30万キロメートル）になるように、時間と空間を測る**のです。

こうして光の速度は絶対的な意味をもったのですが、この4次元時空には重力が入り込む余地がありませんでした。

10年をかけて4次元時空に重力を取り入れることに成功したのが「一般相対性理論」です。それは**4次元時空そのものの曲がりとして、重力を表す**ということでした（第2章10参照）。

時空が曲がるということが何を意味するかはとてもわかりにくいことです。しかし空間の曲がりということについては、以前から数学者がその可能性を研究していました。

有名な数学者カール・フリードリッヒ・ガウスは、遠く離れた3つの山の頂上を結んでできる三角形の内角の和を測って、空間が平坦かどうか確かめようとしました。

平面上なら三角形の内角の和は180度ですが、地球が球体（＝空間が曲がっている）なら、曲面上の三角形の内角の和は180度を超えます。ですが、当時の技術ではこの測定は無理な話でした。

「シュバルツシルト解」に予言された謎の天体

現代的な意味でブラックホールが登場するのは、それから１００年以上たった１９１６年のことです。

１９１６年、ドイツの天文学者カール・シュバルツシルトは、完成したばかりの一般相対性理論を使って星のつくる重力を計算しました。そのためには「アインシュタイン方程式」と呼ばれる一般相対性理論の難しい方程式を解かなくてはなりません。アインシュタイン自身、自分のつくった方程式を解けるとは思っていませんでした。

シュバルツシルトは当時すでに有名な天文学者でしたが、第一次世界大戦に従軍中で、その最中に論文を書いたのです。その解（シュバルツシルト解）を見ると不思議なことが起こっていることがすぐわかります。**光が中心からある距離のところで止まってしまっている**のです。しかしその距離というのは現実離れした距離でした。

たとえば太陽程度の質量の星に対しては、中心から3キロメートルのところです。これは太陽の中でその中心から3キロメートルということではありません。**太陽の質量をすべて中心から3キロメートルの中に押し込んだ場合、その表面で光が止まる**ということです。まさにラプラスとミッチェルが考えた「小さくて重い天体＝ブラックホール」そのものです（地球の質量の場合、大きさを直径18ミリメートルに縮めると同じことが起こる＝ブラックホールとなります）。

シュバルツシルト自身もその解を見たアインシュタインも、そんな状況が起こるとは毛頭考えていなかったので、その発見に何の意味も見出しませんでした。

シュバルツシルト解に注目が集まるには、さらに20年ほど待たなければなりませんでした。原爆開発で有名なアメリカの理論物理学者ロバート・オッペンハイマーとハートランド・シュナイダーは、一般相対性理論に基づいて星が自分の重さで潰れる状況を考えると、**星はどんどん潰れていってシュバルツシルト解に現れた距離よりも小さくなること**を示したのです。

ブラックホールとは〝下りのエスカレータ〟⁉

オッペンハイマーたちの計算の結果をくわしく見ると、ブラックホールの不思議さがわかります。一般相対性理論に基づくと、星は重力に対抗する圧力が働かない限り本当に際限なく潰れます。ここまでは何も不思議ではありません。

ところが**一般相対性理論では**、星をつくっている物質が潰れるだけではなく、**時間と空間も潰れていく**のです。「時間と空間が潰れていく」という意味は、物質が潰れるにつれて時間がどんどんゆっくりと進み、空間が中心に向かって落ち込んでいくということです。

その結果、**ブラックホールの表面では光が止まる**のです。

たとえていえば、下りのエスカレータを上に向かって歩いているようなものです。

ブラックホールの表面より外側では、上に歩く速度は光の速度です。一方、エスカレータの下

図3　下りのエスカレータのようなブラックホール

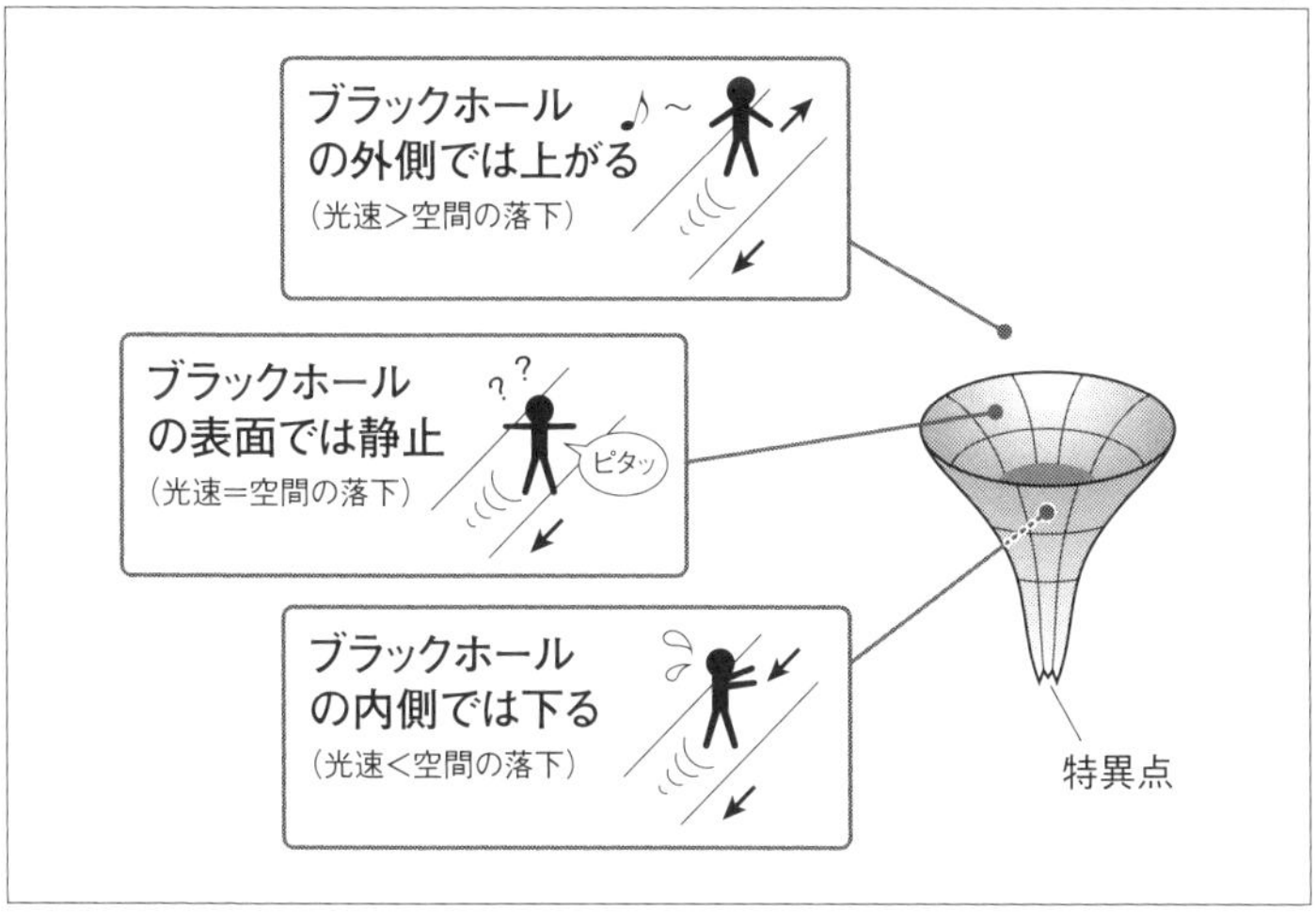

る速度はブラックホールに近づけば近づくほど速くなり、表面では光の速度になり、表面より内側では光の速度以上の速さで中心に向かって落ち込んでいきます。

このため、いくら光速度であがっても、表面ではまったく進まないことになってしまいます。

厳密にはそこまで単純ではありませんが、感じとしてはよく似ています。光はブラックホールがあろうとなかろうと、どこでもあくまで同じ速度で走っているのですが、空間がまるでエスカレータのように落ち込んでいるので、遠くから見るとそのぶん、外向きに出した光の速度が遅くなるのです。

ブラックホールの表面の内側では、空間は光速度以上の速さで落下していきます。したがっていくら外向きに光が進んでも結局、内側に進んでしまうのです。

光よりも速い物体は存在しないことを思い出すと、いったんブラックホールの中に落ち込んでしまうと、決して外向きには進むことができず必ず内向きに落下してしまうことがわかるでしょう。中心から一定の距離にとどまっておくことすらできません。そのためには、光速以上の速度で外向きに進まなければならないからです。

したがって、**ブラックホールの中には物質は存在できません**。すべて中心の一点へと落下してしまいます。こうしてブラックホールの中には何も存在しないのです。

ラプラスたちが考えたのは、光がその表面で止まっている星です。それは非常に圧縮された星のイメージです。ですが、**本当のブラックホールの中には何も詰まってはいません。空っぽなのです**。

時間の流れがどんどん遅くなる

さらに不思議なことがあります。ブラックホールから遠いところに待機している宇宙船（母船）からブラックホール探査機をブラックホールの表面近くに飛ばしてみましょう。

探査機は1秒ごとに信号を母船に送るとします。先に見たようにブラックホールの表面に近づくほど、外向きに出した光の速度は遅くなります。

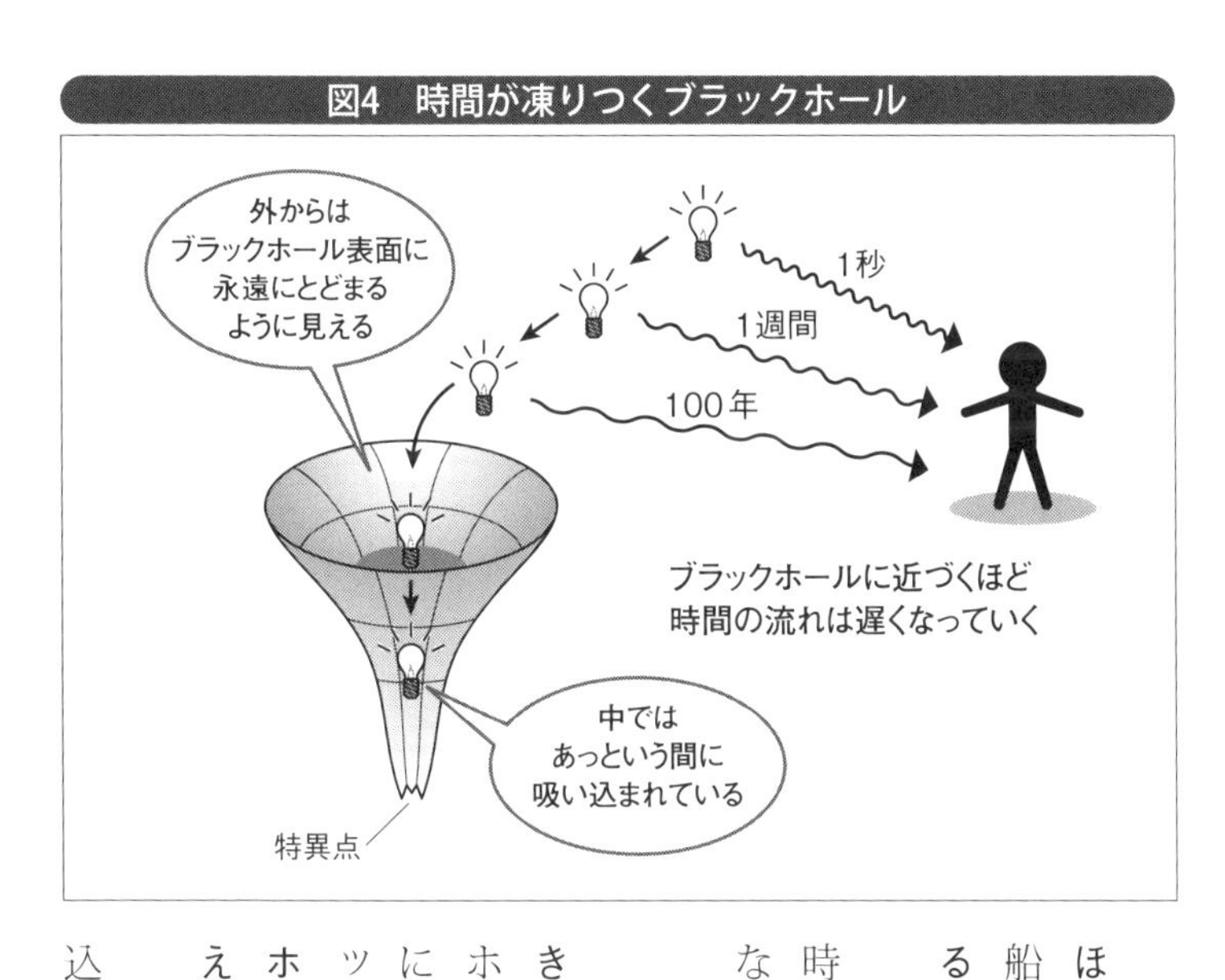

したがって、**ブラックホールに近づけば近づくほど、**母船に信号が届く時間は長くなります。母船で探査機を観測している人から見ると、**受け取る信号間隔がどんどん長くなっていく**のです。

探査機の1秒が母船で見ると1秒ではなく、1時間、1週間、100年、1億年と限りなく長くなっていくのです。

それと同時に、受け取る信号の**波長が伸びていきます**（第2章**7**参照）。それは信号がブラックホールのまわりの時空の曲がりから逃げ出すためにエネルギーを費やすからです。遠くの人がブラックホール付近の時間の進みを見ると、**ブラックホール付近では時がとてもゆっくり進むように見える**のです。

間違って、探査機がブラックホールに引きずり込まれ、表面を通り抜けてしまったとします。しかし、遠くの母船からは決して探査機がブラックホールの表面を通り抜けたことは見えません。探査機が表面に近づけば近づくほどその速度は遅くなり、表面に届くまでに無限の時間がかかるように見えるからです。

そしてブラックホールの表面では、外向きに出した光がその場所に永遠にとどまっているのです。したがって母船は、決して表面に届いた探査機からの信号を受け取ることができません。ブラックホールの表面では時間の進みが凍りつくのです。

しかしこれはブラックホールから離れたところにいる人から見たらそう見えるということで、探査機自体はあっという間にブラックホールの中に吸い込まれてしまいます。

ブラックホールタイムマシンは命がけ

ブラックホールのまわりで時間がゆっくり進むことを使うと、未来へのタイムマシンが簡単につくれます。

地球からはるかに離れた宇宙空間にブラックホールがあったとして、地球からそのブラックホールの近くに行ってしばらくのあいだ滞在してから、地球に戻ってくればいいのです。

ブラックホールに近づけば近づくほど、地球の時間に比べて時間はゆっくり進みますが、燃料をセーブするためにブラックホールのまわりの周回軌道にとどまるとすると、その半径はブラックホールの表面の3倍よりも大きくなければなりません。

　もし3倍以下になってしまったら、莫大な燃料を費やしてもさっさと逃げなくてはなりません。燃料がなくなったら最後、ブラックホールに飲み込まれてしまうでしょう。命がけのタイムマシンです。

ようやく信用されたブラックホール

　このように、ブラックホールはとても不思議な性質をもっています。また、ブラックホールをつくった物質は中心のごくごく狭い領域に詰め込まれて、**時空の曲がりが極端に大きくなってしまいます。数学的には無限に小さな領域にまで潰れてしまいます。**

　こうなると、時空とか物質とかいう概念さえ無意味になってしまうでしょう。このような状況を**「特異点」とか「特異領域」といいますが、いってみればそこは時空の果て**で、一般相対性理論すら役に立たない状況になります。

　こんなことが現実の宇宙の中で起こるはずがないというのが、1960年頃までの多くの物理学者や天文学者の考えでした。

　星がシュバルツシルト解の距離よりも小さく潰れていくとしたオッペンハイマーたちの結果は、計算を簡単にするために星は正確に丸い形を保ったまま潰れるとしたせいだ、本当に星が潰れるときは星が回転していたり表面のでこぼこがあったりで、もっと複雑になり、星が際限なく潰れることはない、と思われていたのです。

この状況は1960年代に入って、ガラリと変わりました。それは現実的な状況でも、ある条件がそろえば**星は無限に潰れるということが証明された**ことと、ブラックホールのような非常に強い重力が想定される現象が、電波天文学という新しい観測手段で続々と発見されたからです。

2 ブラックホールはどうやってできる？

電波天文学の誕生――クェーサーと中性子星の発見

ここでは特にクェーサーと中性子星（パルサー）の発見について触れましょう。これらの天体の発見は、電波で宇宙を見ることによって初めて可能になりました。

電波で宇宙を見た最初の人はアメリカの電波技師カール・ジャンスキーで、1930年頃のことです。電話の発明で有名なグラハム・ベルがつくった会社の研究所で働いていた彼は、無線電話に混じる雑音の研究をしていて、**銀河系の中心方向から電波がやってくることに気がついた**のです。

ジャンスキーは、さらに宇宙からの電波の研究をつづけようとしましたが、会社はそれを認めず、別の部署に移りました。また、天文学者もジャンスキーの発見にあまり興味をもちませんでした。当時の天文学者は電波については無知で、天体から電波が放出されるメカニズムすらよく理解されていなかったため、電波の重要性を認識できなかったようです。

その後の研究は、アマチュアの天文家で電波技師のグロート・リーバーに引き継がれます。グロートは初めての電波望遠鏡を自宅の庭に独力でつくり、数年間の努力の末、天の川の電波地図をつくったのです。

本格的に天文学者が電波の重要性に着目しはじめたのは、第二次世界大戦中のことです。戦時中のレーダー技術の飛躍的発展は、その後の電波天文学の発展につながり、重要な発見が相次ぎます。その中には、ブラックホールに密接な関係のあるクェーサーとパルサーの発見があったのです。

銀河中心で莫大なエネルギーを発するクェーサー

１９５０年代の終わり頃から、私たちのいる天の川銀河（第２章**5**図９参照）から離れた位置に非常に強い電波源が次々と見つかりましたが、それがどんな天体なのかはまったくの謎でした。その後の観測で、電波源の位置に一見すると星のような、非常に青い天体が発見されました。そこで**星のように見える天体という意味の英語の頭文字**をとって、**クェーサー**と名付けられました。

クェーサーは天文学者がそれまで見たことのないような天体でした。

図5 スペクトルの伸びが示すもの

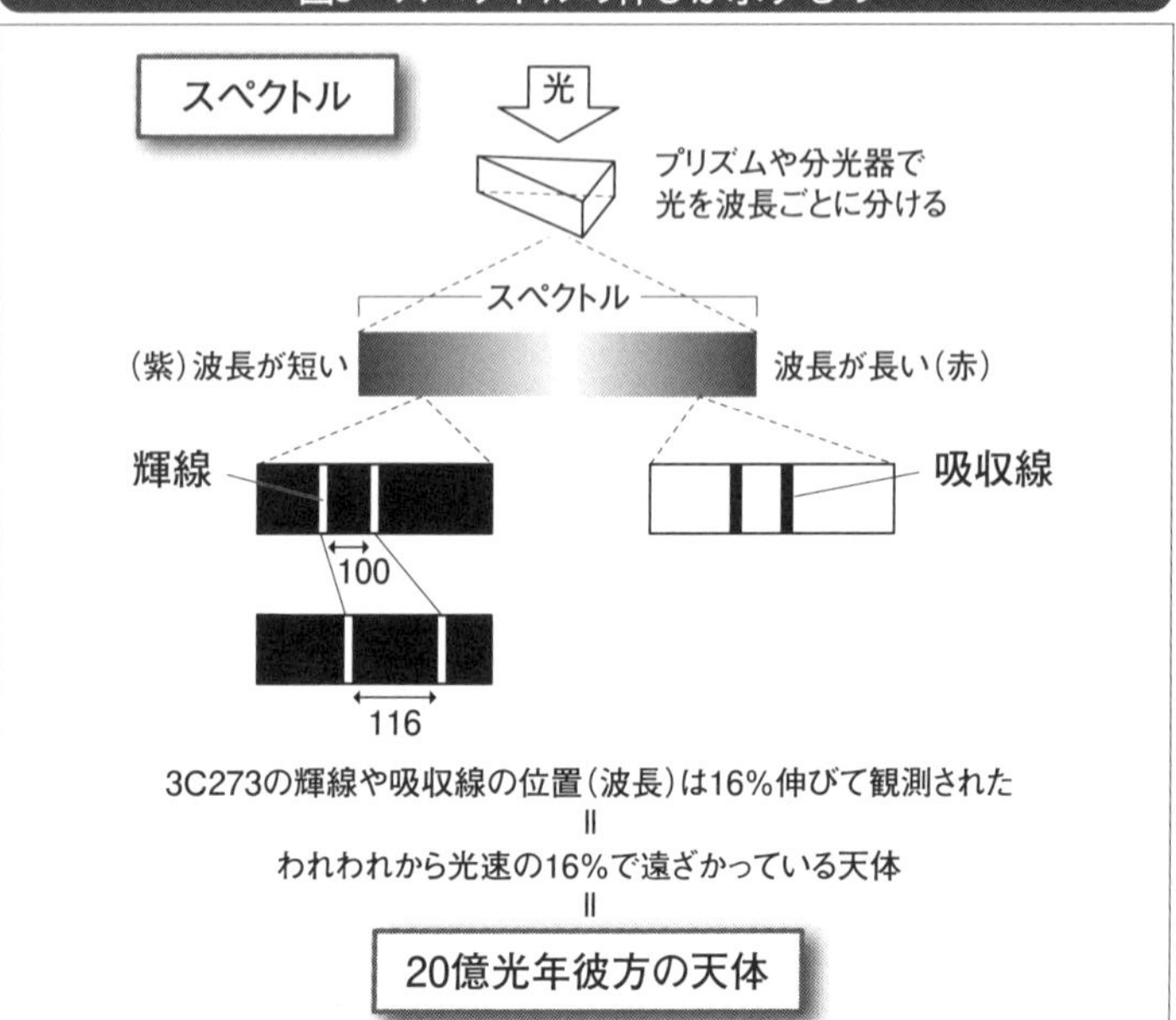

天体の性質は、**天体からの光のスペクトルをくわしく調べることでわかり**ます。元素はその性質によって特定の波長の光を出したり吸収したりするので、天体から受け取る光の中で特に強い波長（輝線）や弱い波長（吸収線）を調べることで、**天体にどんな元素がどのような状態で含まれているのかがわかる**のです。

ところがそのクェーサーのスペクトルは、それまで発見された天体のどれとも違っていて、スペクトルの中の輝線や吸収線に対応する元素は存在しなかったのです。はたして宇宙には人類が知らなかった元素が存在するのでしょうか？

その謎はオランダの天文学者マーテ

イン・シュミットによって１９６３年に解かれました。３Ｃ２７３というクェーサーのスペクトルを眺めていたシュミットは、その輝線や吸収線が水素や炭素などよく知られている元素に特有のものではあったものの、**本来現れるべき波長ではなく、16パーセント長い波長で現れていること**に気がついたのです。

波長が伸びた原因は、このクェーサーが私たちから光の速度の16パーセントという超高速で遠ざかっているからです。**これはこのクェーサーが私たちから20億光年彼方の天体ということを意味します**（1光年＝約９兆４６００億キロメートル）。宇宙は膨張しているので、遠くの天体ほど速い速度で私たちから遠ざかっているからです。

ほかのクェーサーもやはり何十億光年、あるいは１００億光年彼方の大体であることがわかってきました。

クェーサーがそんなに遠い天体とすると、クェーサーの出しているエネルギーはとんでもない量になります。同じような距離にある通常の銀河よりも、１００倍以上明るく見えているからです。

しかも、当時のどんな望遠鏡を使っても星のようにしか見えないことや、その明るさが数日から数時間で変わることから、**非常に小さな領域から銀河全体の１００倍以上ものエネルギーを出していることがわかります。**

さらに1990年代になると、ハッブル宇宙望遠鏡によってクェーサーのまわりに淡い光が観測されるようになりました。この淡い光は遠くの銀河で、クェーサーはその中心にいました。それまでの望遠鏡では、中心のクェーサーがあまりに明るすぎてまわりの光が見えなかったのです。

こうしてクェーサーが銀河の中心部の数光時間（光で数時間かかる距離）から数光日程度というごく狭い領域から、太陽の10兆個程度という莫大なエネルギーを放出している天体であることが明らかになりました。

太陽にいちばん近い恒星までの距離が約4・3光年ということを考えれば、この距離がどれだけ小さいかがわかるでしょう。そんな狭い領域に太陽の10兆個に相当する莫大な質量を詰め込むと、自分自身の重さで潰れブラックホールになってしまいます。

つまり、このクェーサーこそがブラックホールなのです。こうして、ブラックホールが現実の宇宙に存在するらしいこと、そして銀河中心で莫大なエネルギーをつくり出しているらしいことがわかってきたのです。

クェーサーはブラックホールの発電所

銀河の中心にある巨大ブラックホールが、莫大なエネルギーを放出してクェーサーになるメカニズムはこうです。

ブラックホールにまわりから物質が落ち込むと、そのまわりに降着円盤と呼ばれる円盤をつく

図6　ブラックホールの降着円盤からのエネルギー

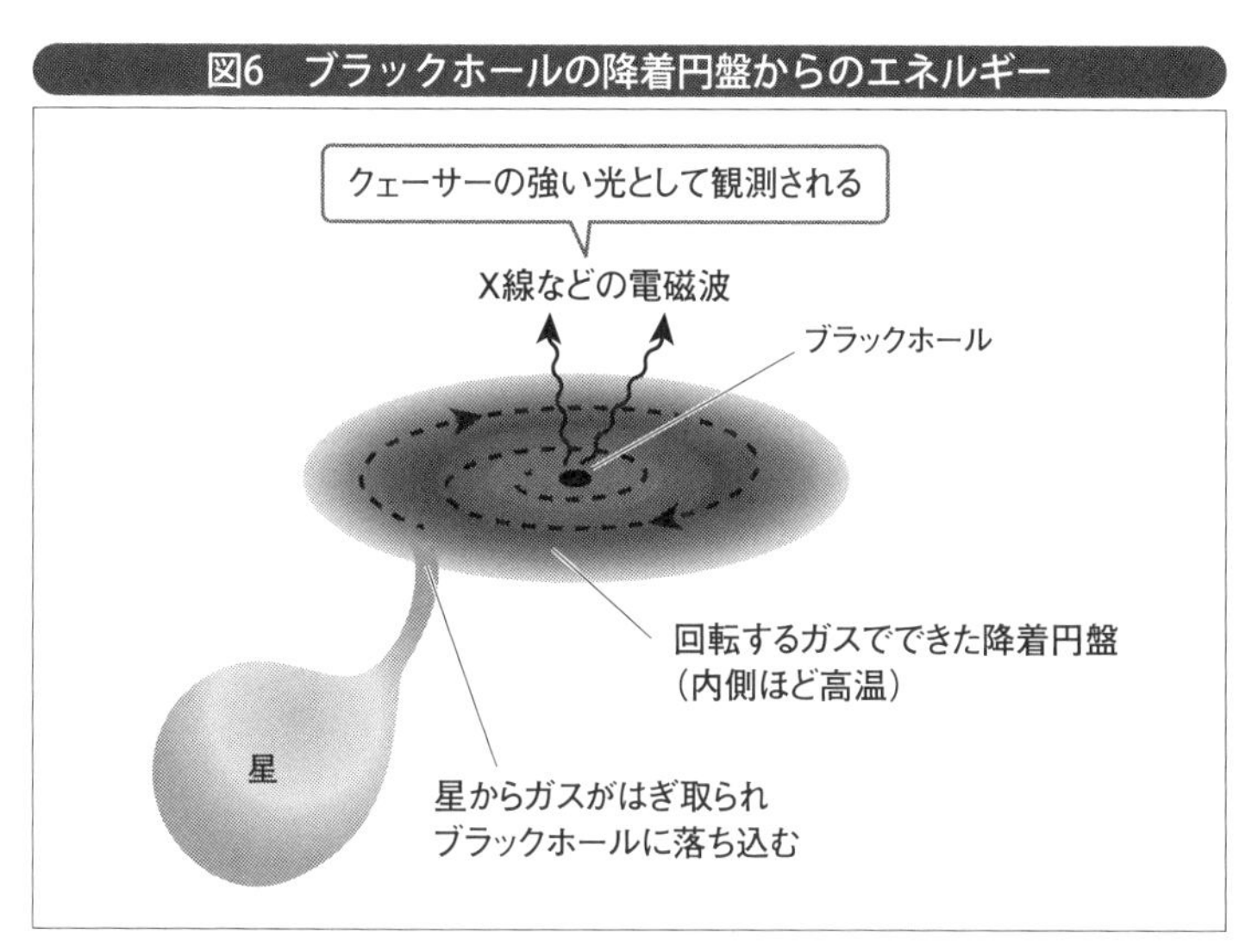

ります。この円盤は内側ほど速く回転しているので内側と外側で速度の差があり、摩擦によって内側ほど高温になります。

このような高温になった円盤からX線、可視光、電波などさまざまな波長の電磁波を放出するのです。

ただし銀河系全体が放出するエネルギーの100倍程度のエネルギーを出すためには、太陽の何億、何十億倍の質量をもつブラックホールを考えなければなりません。

とはいえ、そんな巨大なブラックホールでも、**その大きさは銀河系どころか、太陽系よりもはるかに小さいものになります。**

たとえば、太陽質量の10億倍の質量のブラックホールの直径は60億キロメートル程度です。土星の公転軌道の半径は約14億キロメートル程度ですから、このブラックホールは土星の軌道の倍程度にしかなりません。

われわれの銀河系中心のブラックホールもかつてはクェーサー

じつは**われわれの銀河系の中心にも、太陽質量の約４００万倍という巨大ブラックホール「いて座A*（Aスター）」が存在することが明らかになっています**。銀河中心付近にはいくつもの星の集団（星団）が発見されていて、特に中心に最も近い星団の星の運動が、10年以上にもわたって精密に測定されています。

銀河中心からたったの17光時の距離にまで近づく星（恒星S2）も観測されています。この距離ではブラックホールに飲み込まれることはないので、危険ということはありません。

このような観測からブラックホールの存在が明らかになったのです。

われわれの銀河系に限らず、現在ではほとんどの銀河には中心に巨大なブラックホールが潜（ひそ）んでいると考えられています。その中で**ブラックホールに大量の質量が飲み込まれる状況になり、降着円盤が形成され、猛烈な勢いでエネルギーを放出している状態がクェーサー**なのです。

したがって、ブラックホールのまわりに落ち込む物質がなくなってしまうと、ブラックホールはおとなしくなり、クェーサーではなくなります。現在のわれわれの銀河系の中のブラックホールがこの状態です。

しかし、かつては**われわれの銀河系中心にあるブラックホールもクェーサーであった時期があ**

ると考えられています。

銀河の数だけ巨大ブラックホールが存在する

現在、ブラックホールは質量によって、おもに３種類に分かれると考えられています。軽いタイプ、重いタイプ、その中間タイプです。

ほかに極小サイズの「ミニブラックホール」が宇宙の初めにできたのではないか、という説もあります。またそのようなミニブラックホールを人工的につくることができるという理論もあります（第６章37参照）。

質量の軽いタイプは太陽質量程度からその10倍程度で、大きさは半径３キロメートルから30キロメートル程度の小さいブラックホール、中間タイプは太陽質量の１００〜10万倍程度で、半径が３００キロメートルから３００万キロメートル程度、そして重いタイプは太陽質量の数百万〜数十億倍にもなる巨大ブラックホールです。巨大ブラックホールの大きさは半径１５００万キロメートルから１５０億キロメートルにもなります。

- 小さくて軽いブラックホール＝太陽質量程度〜10倍程度
- 中間タイプのブラックホール＝太陽質量の１００〜10万倍程度
- 巨大で重いブラックホール＝太陽質量の数百万〜数十億倍程度

そして、宇宙には、銀河の数だけこの巨大ブラックホールが存在するのです。観測できる限りの宇宙には約2兆個の銀河があると推定されているので、巨大ブラックホールも2兆個程度存在する可能性があります。

そんな大きなブラックホールはどうしたらできるのでしょう。そんな大きなブラックホールをつくる方法は知られていません。

私たちが確実に知っているブラックホールのでき方は、1つの星が潰れることです。したがってまず星が潰れてできる小さなブラックホールが長い時間のあいだにまわりの物質を飲み込んだり、いくつも合体して銀河中心の巨大ブラックホールに成長したと考えるのが妥当です。

そこでまず、星が潰れて小さいブラックホールができる状況を見てみましょう。

不思議な星パルサーの信号

電波が天文学の重要な観測手段となった1960年代、宇宙からの電波を邪魔する現象の研究も進みました。そのひとつが、太陽の表面から高速で飛び出してくる電荷をもった粒子です。これらの粒子によって、宇宙からの電波は小刻みに振動するのです。

ケンブリッジ大学のアントニー・ヒューウィッシュはこの小刻みな振動を研究するため、電波アンテナをつくりました。そのアンテナの建設段階から参加していたのが、当時大学院生だったジヨスリン・ベルです。

完成した電波望遠鏡のデータの解析を任されたベルは、データの中の奇妙な信号の存在に気がついたのです。**それは１・３秒という規則正しい間隔でやってくる電波のパルスでした。**しかもその信号がやってくる方向は、星の動きと同じように天球を動くことから、太陽系の外からやってくることもわかりました。

あまりに正確な間隔だったので、最初は自然界のものとは考えられず、**宇宙人からの信号と思われ、一大センセーションを巻き起こしました。**

しかしその後、その年のうちにベルは違う方向から同じようなパルス信号を発見し、宇宙人説はあえなく潰れました。

この規則正しく電波パルスを出している天体は最初「ベルの星」とも呼ばれましたが、そのようなパルスが次々に発見されたことで、**パルサーと呼ばれるようになりました。**

パルサーからの電波が短い周期になることは、星のある一部が光っていて回転のたびに地球の方向を向くと、規則正しい周期的なパルスになって見えることから理解できます。灯台の光のようなイメージです。灯台からある方角に住む人には、灯台からの光が一定の同じ時間間隔で届きますね。

問題はその短い周期です。最初に見つかったパルサーの周期は１・３秒ですから、**１・３秒で**

1回転する星を想定しなければなりません。

太陽の自転周期は緯度にもよりますが、28日程度です。それに比べると、どれだけ速い回転かわかるでしょう。

速く回転するには小さい星のほうが適しています。これはフィギュアスケートのスピンを見ればわかります。腕をたたんで体に密着させると回転が速くなるのと同じ理屈（りくつ）です。大雑把（おおざっぱ）に計算すると、**太陽程度の星がその質量を保ったまま1000分の1程度に縮むと、1秒程度で回転します。**

ブラックホールまであと一歩の中性子星

これまで何度か「太陽質量の何倍の星」「太陽質量程度の星」と「質量」という言葉を引き合いに出してきましたが、それは星の一生、すなわち進化の過程が「質量」によって決まっているからです。

普通の星は中心部の水素の核融合反応で熱を外へと運ぶことで自分自身の重さを支えているので、潰れることはできません。しかしオッペンハイマーたちが考えたように、星の進化の最終段階で核燃料を使い果たした星はもう熱を出すことがないので、潰れるのです。

特に太陽よりも8倍程度以上重たい星は、進化の最期で中心部が鉄のかたまりとなり、その鉄のかたまりが自分の重さで潰れます。

図7　重力崩壊と超新星爆発

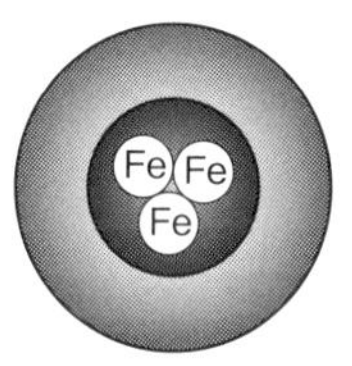

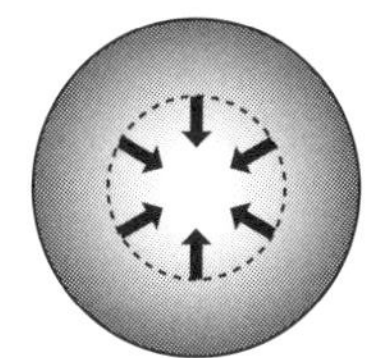

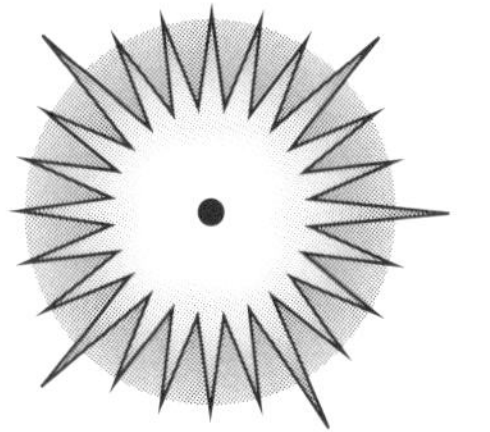

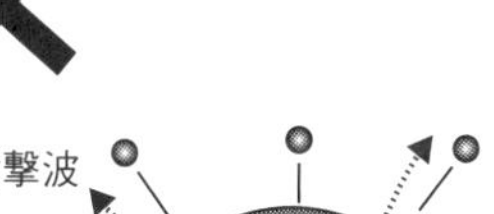

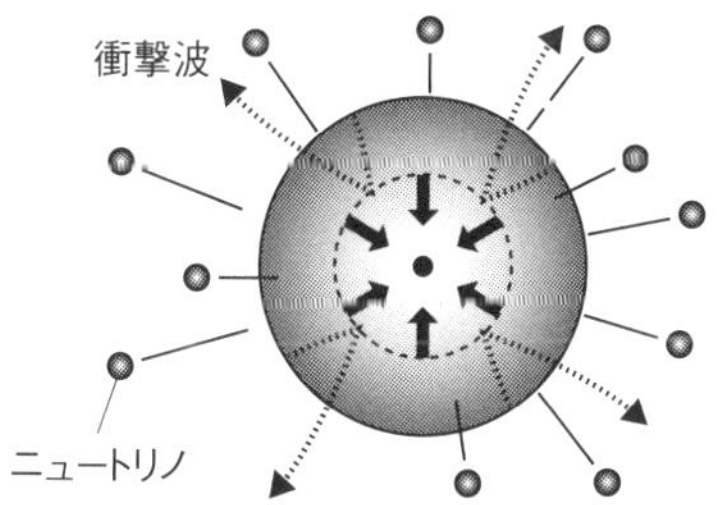

ある程度潰れると、鉄の原子核の中の陽子が電子を吸って中性子に変わり、ニュートリノを出します。この過程で温度が急激に下がり、潰れるのにいっそう拍車がかかります。これを**重力崩壊**といいますが、これこそまさにオッペンハイマーたちが想像した状況です。

ただし、もともとの質量が太陽の30倍程度以下の星の場合、重力崩壊はある段階で止まります。それは中性子のかたまりの半径が10キロメートル程度にまで縮むと、中性子同士のあいだに反発する力が働くからです。

こうして落ち着いた中性子のかたまりの上に、もともと鉄の中心部のまわりにあった大量の物質が猛烈な勢いで落下してきます。そして中性子のかたまりに当たって衝撃波をつくり、跳ね返されて大爆発が起こるのです。

この大爆発が**超新星爆発**です。陽子が中性子に変わったときに出てくるニュートリノも爆発を後押しするように働きます。

こうして**超新星爆発は可視光で非常に明るく輝くだけでなく、莫大な数のニュートリノも放出します**。エネルギーでいうと、超新星爆発の99パーセントがニュートリノとして放出されるのです。

１９８７年、大マゼラン星雲で超新星爆発が起こりました。肉眼で見える超新星爆発としては、１６０４年以来のことです。この爆発で放出されたニュートリノが、岐阜県神岡鉱山跡地に設置されたニュートリノ観測装置カミオカンデで検出され、超新星爆発に際して実際に重力崩壊が起こったことが確認されたのです。

前述のとおり、この超新星ニュートリノの検出によって２００２年、小柴昌俊博士にノーベル物理学賞が贈られました。

カミオカンデはさらにスーパーカミオカンデと大型化し、ニュートリノが質量をもっていることを発見します。この発見によって２０１５年、梶田隆章博士にノーベル物理学賞が授与されました。

こうして、**超新星爆発で中心部に小さな中性子でできたかたまりが残ります。これを中性子星といいます。**半径何百万キロメートルという大きな星が最終的に半径10キロメートルに縮むわけですから、その結果できた**中性子星は非常に高速で回転する**ことになります。

中性子星は強い磁場をもっていますが、磁場の北極と南極を結ぶ軸は回転軸と一致していません。**棒磁石が斜めにくるくる回転しているようなもの**です。そして磁場の北極から強力な電波を出しています。

したがって自転ごとに磁場の北極、または南極が地球の方向を向いて、地球から見ると自転周期の電波パルスとして見えるのです。これがパルサーの正体です。

中性子星は、もう少しだけ重たければブラックホールになれたはずでしたが、それが途中でとまってしまった状態にあるといえます（第4章21図30参照）。

大きくて重い星から軽いブラックホールが誕生

では、質量が太陽の30倍以上の星はどうなるのでしょう。このような大質量の星でも中心部は鉄のかたまりになって、それが重力崩壊を起こし中性子のかたまりができるところまでは同じです。

違いはできる中性子のかたまりの質量です。この質量がある値を超えると、中性子同士の反発力でも重力を支えることができなくなって、重力崩壊が際限なくつづくのです。

中性子、あるいは一般にフェルミオンと呼ばれる同一種類の素粒子（第3章16参照）のあいだに働く圧力で支えられる質量には限界があるというのは１９３０年代、インドの天文学者スブラマニアン・チャンドラセカールによって指摘されていました。この限界の質量をチャンドラセカール質量といって、回転していない場合は太陽質量の約１・４倍です。

実際の中性子のかたまりは高速で回転しているため、遠心力が働いて、チャンドラセカール質量は太陽の3倍から4倍になると考えられています。

こうして**大質量星の最期は、中心部が際限なく重力崩壊を起こし、ブラックホールになる**のです。

このときできるブラックホールの質量は、せいぜい太陽の数倍程度と考えられています。その大きさは、たとえば太陽の5倍のブラックホールでは半径15キロメートル程度です。東京の山手線の半径がおおよそ6キロメートルですから、その3倍弱です。そんな狭い領域の質量が太陽の5倍もあるということです。

われわれの銀河系（天の川銀河）ができてから100億年のあいだに、このような大質量星の重力崩壊によってブラックホールが生まれてきて、現在、**1つの銀河の中には100億個以上存在している**と考えられています。

1つの銀河の中心には1つの巨大ブラックホールがあるのですが、そのほかに太陽質量程度のブラックホールが100億個あるということになり、一方、観測できる限りの宇宙には銀河が2兆個ほどあるので、**宇宙全体では2兆個×100億個、10の22乗個（1の下に0が22個つく数）ほどのブラックホール**があることになります。

このようなブラックホールの一部はX線で観測することができます。X線の出どころは、もちろんブラックホール自身ではなく、そのまわりの降着円盤です。ブラックホールが普通の星と連星（れんせい）（第4章24図36参照）をつくっている場合、ブラックホールは星の外層部の大気をはぎ取り、そのガスを飲み込み成長していきます。ブラックホールに落ち込んだガスは、ブラックホールのまわりに降着円盤をつくります。

この降着円盤のブラックホールに最も近い内側の温度は10万度程度にまで熱くなり、そこから

X線が放出されます。そしてこのX線をとらえることでブラックホールを見つけることができるのです。

しかし、連星系をつくっているブラックホールばかりではありません。**一匹狼のような、単独で存在するブラックホールは**超新星爆発の反動で1カ所にとどまっておらず、**猛烈なスピードで宇宙空間を移動しています。**

そうした一匹狼ブラックホールは、偶然、星間空間に漂っているガスを突っ切りでもしない限り見つけようがありません。

巨大ブラックホールの種（たね）となる「中間質量ブラックホール」

星の重力崩壊でできたブラックホールがさらにまわりの物質を飲み込んだり、他のブラックホールと合体して銀河中心にひそむ巨大ブラックホールになったと考えられていますが、太陽質量の数倍の質量からそう簡単に何億倍もの質量のブラックホールに成長するものでしょうか？

じつはそれは難しいだろうと考えている研究者が多いのです。

では銀河中心のブラックホールはどうやってつくるのでしょう。その答えが中間質量ブラックホールの存在です。

1つの星からできるブラックホールの質量はせいぜい太陽質量の数倍、大きくても10倍程度ですが、**中間質量ブラックホールというのは、質量が太陽の１００倍から10万倍程度のものをさし**

ています。最初のスタートラインがかなり大きくなるので、**それが合体をくり返せば銀河中心で観測されているような巨大なブラックホールができる**だろうというわけです。

このような中間質量ブラックホールの候補は、２０００年に、われわれの銀河系から約１２００万光年離れたＭ82という銀河で発見されています。

この銀河は大量の星が爆発的につくられている銀河として有名ですが、その中心から約６００光年離れた星の集団から非常に明るいＸ線が観測されたのです。その後のくわしい観測から、その内部で大質量の星が次々と合体をくり返した結果、太陽質量の１０００倍程度の超大質量星がつくられ、それが重力崩壊して太陽の約１０００倍の質量をもったブラックホールができていることが確からしくなったのです。

その後も中間質量ブラックホールの候補天体がいくつか発見されています。

われわれの銀河系の中心付近にも、太陽質量の3万倍程度の中間質量ブラックホールの候補が日本のグループによって発見されています。

われわれの銀河系中心には「いて座Ａスター」と呼ばれる巨大ブラックホールが存在しますが、２０１６年、そこから約20光年の距離に不思議な分子雲(ぶんしうん)が発見されました。

分子雲というのは、主成分である水素が分子の状態で存在している星間ガス（宇宙空間に漂う淡い雲）のかたまりです。水素分子のほかにも一酸化炭素やアンモニアなどの分子も微量ですが含まれています。

かたまりといっても1立方センチメートルあたり1000個程度の分子しか存在しないので、われわれの感覚では真空ですが、星間空間という舞台の中では密度が高い領域といえます。

銀河中心にはほかにも多数、分子雲が発見されていますが、そのほとんどが銀河中心のまわりを同じ方向に回っています。ところがこの分子雲はそれとは反対方向に回っていたのです。

2019年、チリのアタカマ高原に設置されたアルマ電波望遠鏡を用いたくわしい観測によって、この分子雲の構造と運動が解明され、その運動の原因が太陽質量の3万倍ほどのブラックホールによって引き起こされた可能性が高いことがわかったのです。

このような中間質量ブラックホールが銀河の中に多数存在するらしいことがわかってきました。そしてそれらが合体していくことで、銀河中心の巨大ブラックホールができたのではないかと考えられています。

3 宇宙はブラックホールだらけだった！

物体が運動すると重力波が出る

星の重力崩壊でできるブラックホールの質量はせいぜい太陽の10倍程度です。中間質量ブラックホールの質量は１００倍から10万倍、そして銀河中心の超巨大ブラックホールと3種類の質量のブラックホールの話をしました。

そしてこれらの3種類のブラックホールがすべてだと考えられていたのですが、２０１５年、**太陽質量の30倍という中途半端な質量をもったブラックホールが発見されました。**この発見は二重の意味で驚きでした。

まず、このブラックホールが重力波を検出することで発見されたことです。

重力波というのは、アインシュタインがニュートンの重力理論にとってかわる新しい重力理論である一般相対性理論で予言した現象です。

物体が運動すると、そのまわりの時間や空間を振動させます。一般相対性理論では時間と空間を一緒にして時空と呼びますが、その時空が伸びたり縮んだりするのです。そして**その伸び縮みが外へ外へと伝わります。これが重力波です。**

もっとも時空を伸ばしたり縮めたりするには、莫大なエネルギーが必要です。したがって実際に重力波が出てくるのは、天体のような莫大な質量が激しい運動をした場合だけです。

たとえ**重力波が出たとしても、それによる時空が伸び縮みする量ははんのわずかです。**たとえば、数万光年彼方で大質量の星が超新星爆発を起こしたときに出てくる重力波を地球上で観測したとすると、**太陽と地球の平均距離を陽子1個分（10のマイナス13乗センチメートル）だけ大きくしたり縮めたりする程度です。**

そんなわずかな変化の検出をめざして、最初の重力波望遠鏡がつくられたのは1960年代後半です。

アメリカの物理学者ジョセフ・ウェーバーは電気工学の専門家で、レーザーの原理を最初に指摘した人です。30代半ばで突然畑違いの一般相対性理論、それも重力波の検出の研究をはじめます。そして10年がかりで、それまでだれも考えてもみなかった重力波検出装置を独力でつくりあげました。それは直径1メートル、長さが2メートル、重量約1・5トンのアルミ製の円柱をワイヤーで吊り下げたものでした。

重力波が地球にやってくると、この円柱をほんのわずかに振動させるので、この振動を電気信号として取り出すことによって、重力波を検出しようとしたのです。

しかし、この円柱を振動させる原因は重力波だけではありません。ありとあらゆる振動が円柱を振動させる原因となります。

重力波による振動の大きさは、最大でも円柱の長さを陽子1個分だけ伸び縮みさせるくらいですから、ほかの原因による振動のほうが大きくなります。地面からくる振動を避けるために、円

図8　重力波望遠鏡のしくみ

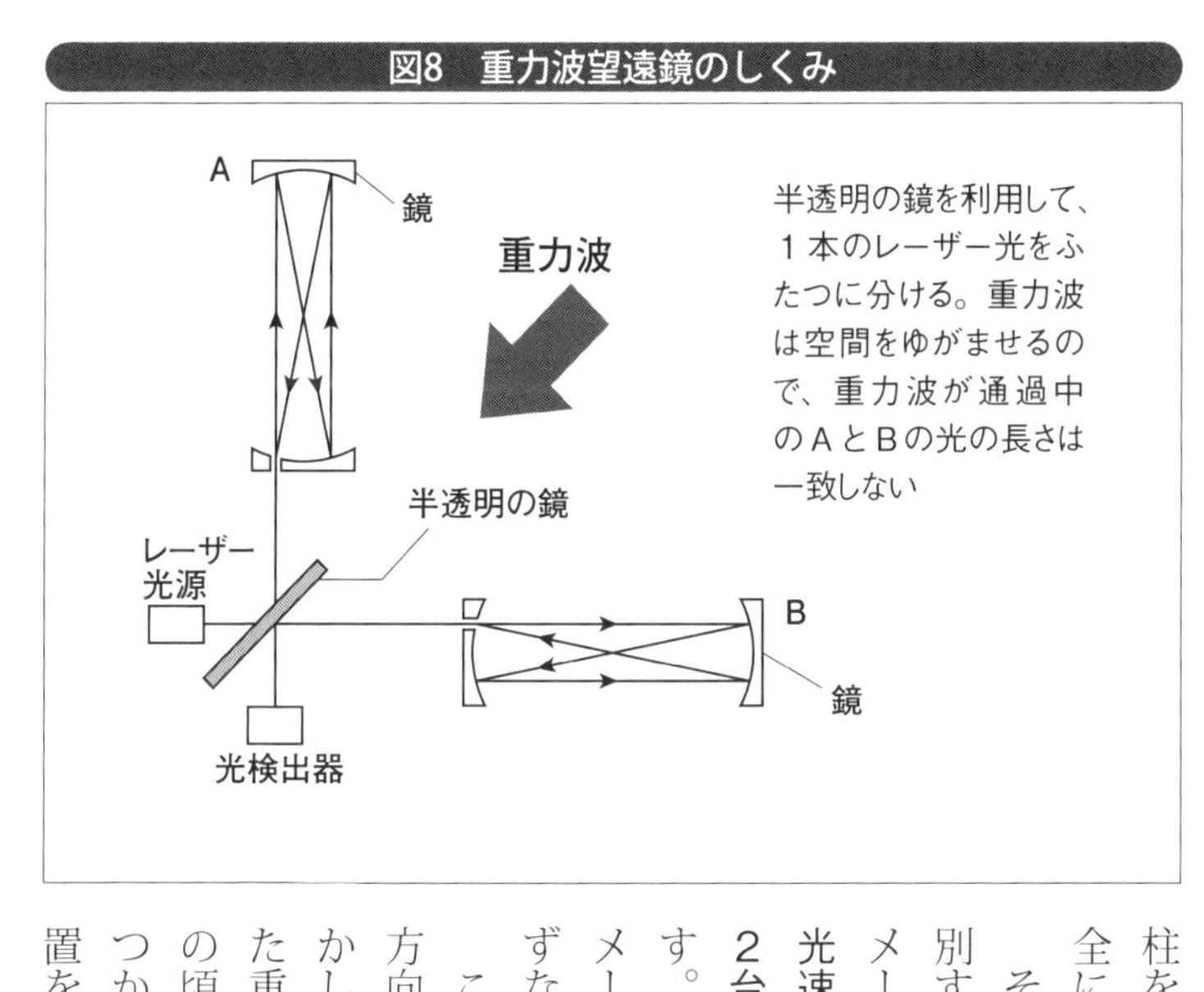

柱をワイヤーで吊り下げたのですが、それでも完全に地面の振動を避けることはできません。

そこで重力波とそれ以外の原因による振動を区別するために、まったく同じ装置を1000キロメートル離れたところに設置しました。**重力波は光速で伝わるので、1000キロメートル離れた2台の装置にほぼ同時に同じ振動が現れるはずです。**ほかの原因による振動の場合、1000キロメートル離れた2台に同じ振動が現れることはまずないでしょう。

こうして1969年、ウェーバーは銀河系中心方向からの重力波を検出したと発表しました。しかし、ウェーバーの検出した振動が予想されていた重力波による振動よりもかなり大きく、またその頃にはウェーバーの研究に刺激を受けて、いくつかの研究グループがウェーバーの装置と似た装置をつくっていましたが、そのどれもがウェーバーの結果を否定しました。現在ではウェーバーの「発見」は、ほかの原因による振動を重力波と見誤ったものとみなされています。

現在の重力波望遠鏡は、ウェーバーがつくったものとはまったく違ってレーザー干渉計とよばれるものの発展形です。これは単一波長の光であるレーザー光を半透明の鏡で2つに分けて、分けたそれぞれの光の経路上に鏡を置いて反射させて戻ってきたとき再び1つの光に合成する装置です。

2つの光の経路を同じ長さ（これを干渉計の基線長といいます）にしておけば、再び合成したとき完全に元の光に戻ります。

しかし光が2つに分かれてそれぞれの経路上を走っているとき、重力波がやってきて一方の経路の長さともう一方の経路の長さに差ができると、合成させた光は元の光とは違っています。この合成された光の性質を見ることで、重力波を検出するのです。

重力波望遠鏡「LIGO」が検出に成功

１９７０年代初めから実験用のレーザー干渉計重力波望遠鏡が各地でつくられ、１９９０年代には日本でも国立天文台に基線長３００メートルの重力波望遠鏡がつくられ、当時の世界最高の感度を実現しました。

その後、日本では重力波望遠鏡に予算がつかなかった一方で、アメリカでは１９９４年、「ＬＩＧＯ（ライゴ）計画」推進のため、約４００億円の資金が承認されました。ＬＩＧＯというのは、レーザー干渉計重力波天文台の英語の頭文字からつくった略称です。

１９９７年、基線長４キロメートルの重力波望遠鏡２台が完成し、ルイジアナ州のリビングストンと３０００キロメートル離れたワシントン州ハンフォードに設置されました。そして10年以上ものあいだ、地道な感度向上の努力がつづけられ、２００５年には目標の精度に達します。

初期のＬＩＧＯ計画の順調な進展によって２００８年、より高精度の「advanced LIGO計画」が承認されました。この頃から、ＬＩＧＯに直接関係のない物理学者たちのＬＩＧＯを見る目が変わってきました。

重力波が地上の観測装置で検出されるのは何十年も先のことだろうという大多数の予想が、数年のうちに検出できるだろうという期待に変わったのです。

実際、ＬＩＧＯは２０１０年から２０１４年まで約２００億円をかけて改良を重ね、２０１５年９月には、感度が「10のマイナス23乗」を超えました。これは**1メートルの長さが、10のマイナス23乗メートル（1兆の1億倍分の1ミリメートル）変化しても検出できる**ということです。**1億光年彼方の**想定されている重力波源、たとえば**超新星爆発で放出される重力波を十分検出できる感度**です。

それに対して日本は、３００メートルの重力波望遠鏡のあと、大型重力波望遠鏡の予算がついたのが、ＬＩＧＯに遅れること15年の２００５年でした。東日本大震災の影響もあって遅れ、スーパーカミオカンデがある神岡鉱山跡地に実際に建設がはじまったのが２０１２年でした。日本の重力波望遠鏡はＫＡＧＲＡ（カグラ）と名付けられました。

ヨーロッパでも、フランスとイタリアがイタリアのピサ近郊に共同でつくった、基線長３キロメートルの重力波望遠鏡Ｖｉｒｇｏ（バーゴ）が２００７年に完成しています。

ＫＡＧＲＡは、ＬＩＧＯやＶｉｒｇｏにかなり遅れましたが、地下１０００メートルにあって地面振動が小さいということと、レーザーを反射させるための鏡を低温にすることで鏡自体の振動を抑えるという特徴をもっています。

さて**２０１５年９月14日**、十分な感度に達したＬＩＧＯは本格観測の前の試験観測中でした。14日のグリニッジ標準時刻９時50分45秒、リビングストンとハンフォードの**２つの重力波望遠鏡がほぼ同時に重力波を検出**したのです。**直接検出は世界初の快挙です。**

重力波が存在する証拠は、PSR1913+16という「連星パルサー」によって確認されています。このパルサーは、１９７４年、アメリカの天文学者ラッセル・ハルスとジョセフ・テーラーによって発見された２つの中性子星からなる連星です。

連星の一方がパルサーになっており規則正しい電波パルスを地球に送っていて、そのパルスの間隔をくわしく調べると、２つの中性子星の運動がわかります。

その結果、２つの中性子星が周期7時間45分7秒でお互いのまわりを回っていること、そしてその周期が1年に１００万分の76・５秒ずつ短くなっていることがわかったのです。

この原因こそ重力波です。**２つの中性子星の運動によって重力波が発生し、それによって軌道運動のエネルギーが失われ周期が短くなったのです。**

このように重力波の存在は理論的にも疑いの余地はなく、またすでに間接的にではあるものの発見されていましたが、それでも地上の観測装置で天体からの重力波を直接検出することには重要な意味があります。

天体の観測から重力波の影響がわかるのは、連星系のような特別な場合だけです。超新星爆発やブラックホールから、実際に重力波を検出して、その性質を調べることで初めてその天体の詳細な性質がわかるのです。

特に**ブラックホールの場合は重力波を検出する以外、その存在の有無を確認できない場合もあるのです。**

初代星（ファーストスター）の重力崩壊でできたブラックホールなのか？

初めて天体からの重力波が検出されたという驚きに加えて、もうひとつの驚きがありました。それはこの重力波が、太陽質量の36倍と29倍の２つのブラックホールからなる連星が衝突・合体して、太陽の質量の62倍のブラックホールができ上がる過程で放出されたものだったことです。

太陽質量の30倍程度のブラックホールが宇宙に存在していたというのが驚きだったのです。

現在の宇宙に存在する大質量の星からできるブラックホールの質量は、せいぜい太陽質量の10倍程度です。したがって最初に検出される重力波は太陽質量程度、あるいはその2〜3倍の質量の中性子星連星の衝突・合体、あるいは太陽質量の数倍のブラックホールの連星の衝突・合体で放出されるものだと期待されていました。

どうしたら30倍のブラックホールができるのでしょう。

まだ確定的なことはわかっていませんが、ひとつの説として「初代星（ファーストスター）」の重力崩壊でできたブラックホール説があります。

宇宙の初期、ビッグバンから3億年頃に宇宙で最初の天体、初代星が生まれます。この初代星は、現在の星と違って太陽質量の100倍以上の巨大な星だと考えられています。

そのような巨大な星は、100万年程度という短時間で超新星爆発を起こします。その結果、現在の宇宙でできるブラックホールよりも重たいブラックホールができるのです。

星が生まれるとき、その半分程度は連星として生まれます。宇宙で最初に生まれた星も、半分程度は連星として生まれたでしょう。

つまり、連星の巨大な2つの星が超新星爆発して太陽質量の30倍程度の「ブラックホール連星」が大量にできた可能性があるのです。

このような連星は、重力波を出してエネルギーを失い、ゆっくりと軌道を小さくしていきます。そして１００億から１３０億年程度の時間のあとに衝突・合体して、１つの大きなブラックホールをつくると予想されます。

２つのブラックホールのあいだの距離が近くなればなるほど、お互いのまわりを回る速度が速くなり、その結果放出される重力波のエネルギーも大きくなります。

衝突直前では軌道速度が光速度の30パーセント程度にもなり、衝突・合体では激しくまわりの時空を振動させ、莫大な量のエネルギーを重力波として放射します。

ＬＩＧＯが重力波を検出したブラックホールの衝突では、太陽質量の36倍と29倍のブラックホールの合体で62倍のブラックホールができたと推定されています。36＋29＝65ですから、この過程で太陽質量の３倍相当の質量エネルギーが消えて、そのエネルギーが重力波として放射されたことになります。

消えた３倍程度の質量エネルギーは、現在の観測で可能な限りの天体が電磁波で出しているエネルギーに匹敵（ひってき）する莫大な量です。

「週1ペースで見つかる重力波」が意味するもの

その後の観測で、太陽質量の30倍前後のブラックホール連星からの重力波が続々と見つかっています。

現在の観測は、数億光年彼方までのブラックホール連星の合体による重力波が検出できる程度ですが、それでも**週に1つのペースで重力波が観測されている**のです。

重力波の観測によって、宇宙にはそんな質量のブラックホールも、ブラックホール連星も大量に存在することが明らかになったのです。

この**宇宙はこれまで考えられていた以上にブラックホールだらけだった**のです。

「ブラックホールがそんなにたくさん存在すると、地球も危険なのでは？」と思う人もいるかもしれません。

しかし、ブラックホールの数は予想以上に多いとはいえ、恒星の数よりは少ないのです。そして、恒星と恒星が衝突する確率はごくごく小さいので、**地球がブラックホールに飲み込まれる危険性はそれほどない**と思います。

4 「見えない」ブラックホールを「見る」方法

漆黒の穴「ブラックホールシャドウ」

20世紀の天文学でブラックホールの存在は確かなものになりましたが、「見えない」ブラックホールを「見て」みたいと思いませんか？　ブラックホールから直接光は出てこないので、それは不可能のように思うでしょうが、ほとんど直接見ることができるのです。

それは**ブラックホールを文字どおり、そこから光がやってこない「黒い穴として見る」**ことです。

先にも述べたように、ブラックホールに落ち込む物質はブラックホールのまわりで降着円盤と呼ばれる円盤をつくります。そしてこの円盤は内側ほど速く回っているため、半径の違うところのガス同士に速度の差ができて、ガス同士の摩擦によって熱せられます。すべり台をすべるときお尻が熱くなるのと同じ現象です。

違いは熱せられたときの温度です。ブラックホールの降着円盤では、いちばん内側では10万度以上の高温になります。

ブラックホールはこのように、ドーナツ形の光り輝く円盤に取り囲まれています。ブラックホールの半径の3倍以内ではガスは安定して円軌道で回転できないため、この円盤の真ん中にはぽっかり穴があいています。そしてこの円盤のいちばん内側から、ガスがブラックホールへとらせん状に落ち込んでいきます。

ガス粒子はお互いにぶつかり合いながら落下していくため、やはり熱く熱せられ、さまざまな波長の電磁波を出すのです。ここでもまた、ブラックホールは光り輝くガスに取り囲まれているのです。

ガスから放射される電磁波のほとんどはブラックホールに吸い込まれますが、ブラックホールの強い重力によって進路が曲げられてブラックホールから逃げ出す電磁波もあります。**ブラックホールの中に入ったものは何ものも逃げ出せないのですが、そのまわりでは逃げ出せるものもある**のです。

それらはブラックホールの強力な引力に逆らって逃げてくるので、電磁波のエネルギーが失われて低エネルギーの電磁波、電波として観測されるはずです。この電波を観測すれば、電波で輝いている領域に囲まれた黒い穴が見えるはずです。

この黒い穴こそ、ブラックホールがまわりの電波をさえぎってつくる影、ブラックホールシャドウです。くわしい計算によると、この影の半径はブラックホールの半径の数倍程度であることがわかっています。

黒い穴の大きさはどれくらい？

では、ブラックホールシャドウはどのくらい大きいのでしょう。たとえば、われわれの銀河系の中心に存在する巨大ブラックホール「いて座Ａスター」の大きさを考えてみましょう。

この巨大ブラックホールの質量は太陽の約４００万倍です。するとブラックホールは半径１２００万キロメートル程度（直径２４００万キロメートル）となり、太陽と水星のあいだ（平均距離５８００万キロメートル）にすっぽりと入ってしまうような大きさです。

この半径１２００万キロメートルの巨大ブラックホールを地球から見ると、だいたい10マイクロ秒角（これは３億６０００万分の1度です）となり、日本から見たハワイのアリの穴、あるいは月面上に置いたゴルフボール程度に対応します。

そして、**ブラックホールシャドウの半径は、この巨大ブラックホールの数倍**です。ですからシャドウの見かけの角度（地球から見たシャドウの直径に対応する角度）は、数十マイクロ秒角程度となります。

なお、月の見かけの角度は約30分角、すなわち2分の1度です。２つの離れたものを見る能力を分解能といいますが、ブラックホールの大きさを見るためには、すくなくとも数十マイクロ秒角程度の超高性能な分解能が必要なのです。

ちなみに、望遠鏡の分解能はその口径で決まります。たとえばハワイのマウナケア山頂にある「すばる望遠鏡」の分解能は０・０６秒角ですが、実際には大気の揺らぎのため、この10倍ほどに劣化(れっか)しています。

現在、補償光学系という大気の揺らぎを打ち消す装置が開発されていて、理想的な分解能に近い値を得ることができますが、いずれにせよ、数十マイクロ秒角にははるかに届きません。

世界で初めて撮影されたM87ブラックホールシャドウ

ではブラックホールシャドウを見るのは不可能かというと、そうでもありません。光学望遠鏡ではなく電波望遠鏡を使うのです。

分解能は望遠鏡の口径ばかりでなく、観測する波長にも依存します。波長が長いほど分解能は悪くなるので、可視光よりもはるかに長い波長の電磁波では分解能が悪くなるのですが、それ以上の利点があります。

電波望遠鏡の場合は、複数の望遠鏡を使って実質的に口径を大きくすることができるのです。電波干渉計といって、複数の望遠鏡が受けた電波信号を合成して大きな口径の望遠鏡に匹敵する性能を達成するのです。

２０１２年、日本、ヨーロッパ、アメリカ、ロシアなどの13の研究機関の２００名ほどの研究者たちによって立ち上がったのが、前述のとおり、銀河中心のブラックホールシャドウを観測する「イベント・ホライズン・テレスコープ（事象の地平面望遠鏡）」というプロジェクトです。

２０１７年、アメリカのハワイとアリゾナ、チリ、スペイン、メキシコ、南極にある電波望遠鏡が参加して**地球スケールの口径に匹敵する電波望遠鏡として20マイクロ秒角という分解能を達成し、**地球から約５５００万光年彼方のおとめ座銀河団にあるＭ87という銀河の中心にひそむブラックホールシャドウの観測がおこなわれました。

約2年におよぶ解析の結果、**２０１９年4月、世界で初めてブラックホールシャドウの画像が発表された**のです。アインシュタインの一般相対性理論がその存在を予言したブラックホールの**存在が、観測によって実証された**のです。

なぜ何千万光年も彼方のＭ87のブラックホールが観測されたのでしょう？　それはこのブラックホールがけた違いに大きいからです。

もともとＭ87は銀河中心からジェットとよばれる高速のガスが放出されている様子などが観測されており、活発な活動をしていることが知られていました。この活動のエネルギー源となっているのが、観測されたブラックホールです。

Ｍ87の中心部から出てくるエネルギーやガスの運動の観測から、このブラックホールはわれわれの銀河系のブラックホールよりはるかに重く、太陽質量の数十億倍の質量をもっていると考えられていたのです。

ブラックホールの半径はほぼ質量に比例するので、Ｍ87ブラックホールの半径約２００億キロメートル（約０・００２光年）は、われわれの銀河系中心ブラックホールの半径１２００万キロメートルの１０００倍以上となります。しかし、銀河中心は地球から約2万８０００光年なのに対して、Ｍ87までの距離は６０００万光年も離れているので、地球から見ると、見かけ上はわれわれの銀河系中心のブラックホールより小さく見えます。

とはいえ、地球から観測できるブラックホールの見かけの大きさとしては、われわれの銀河系中心のブラックホールに次ぐ大きさとなるのです。

第2章　宇宙にある見えない「暗黒物質(ダークマター)」

5 宇宙には見えない物質が存在する

透明でかなり重い未知の物質

もしあなたが体重計にのって針が300キログラムを指したら、「体重計が壊れている！」と思うでしょう。この数字を真に受けて「目には見えない脂肪がたっぷりとついているのかも」とか「透明人間が体重計にのっている」とは間違っても思わないでしょう。天文学でもまさにこれと同じような状況に出合うことがあります。

しかし天文学者は、体重計は間違ってはおらず、「どんな手段を使っても直接検出できない不思議な物質」があると考えます。これから天文学者が「ダークマター（暗黒物質）」と名づけたこの不思議な物質の話をしましょう。

この物質からできた大きなかたまりが飛んできたとしましょう。

この物質は、**私たちの身のまわりにも1リットルあたり1個ほど存在すると考えられています**が、光はおろかどんな波長の電磁波もどんな素粒子も素通りしてしまうので、まったくの透明で、飛んできたのかどうかもわかりません。運悪くぶつかったとしても、**私たちの体を素通りしてし**

まい、ぶつかったこともわかりません。

しかし、**この物質には重さがある**のです。そんな物質はこれまでだれも見つけていないのに、状況証拠（事実の有無を間接的に立証するもの）だけはたくさんあるのです。しかもこの不思議な物質は、宇宙全体では、星（恒星）や惑星をつくっている普通の物質の数倍の重さがあるのです。

でも、なんでも素通りするなら、体重計も素通りしてしまいます。どうやってダークマターの重さを測るのでしょう。まず天体の重さを測るものがなければ話がはじまりませんね。もちろん天体をのせるほど大きな体重計はありませんが、天体の及ぼす重力なら測れます。

重力の「逆２乗の法則」で天体の重さを測る

天体が及ぼす重力は、ニュートンの万有引力の法則によれば、天体の重さに比例し、そして天体からの距離の２乗に反比例しています（逆２乗の法則）。要するに**「重さが２倍になれば、重力も２倍」**になり、**「距離が２倍離れれば、重力は４分の１」**になるということです。まず天体の及ぼす重力を測って、この性質を使えば、天体の重さが測れるのです。

では天体の重力をどうやって測るのでしょう。それはその天体のまわりを運動している別の天体、たとえば太陽のまわりの惑星の運動を調べればよいのです。

さて１９３０年頃、オランダの天文学者ヤン・オールトは、太陽系近傍の星の運動を精密に調

図9　天の川銀河（われわれの銀河）

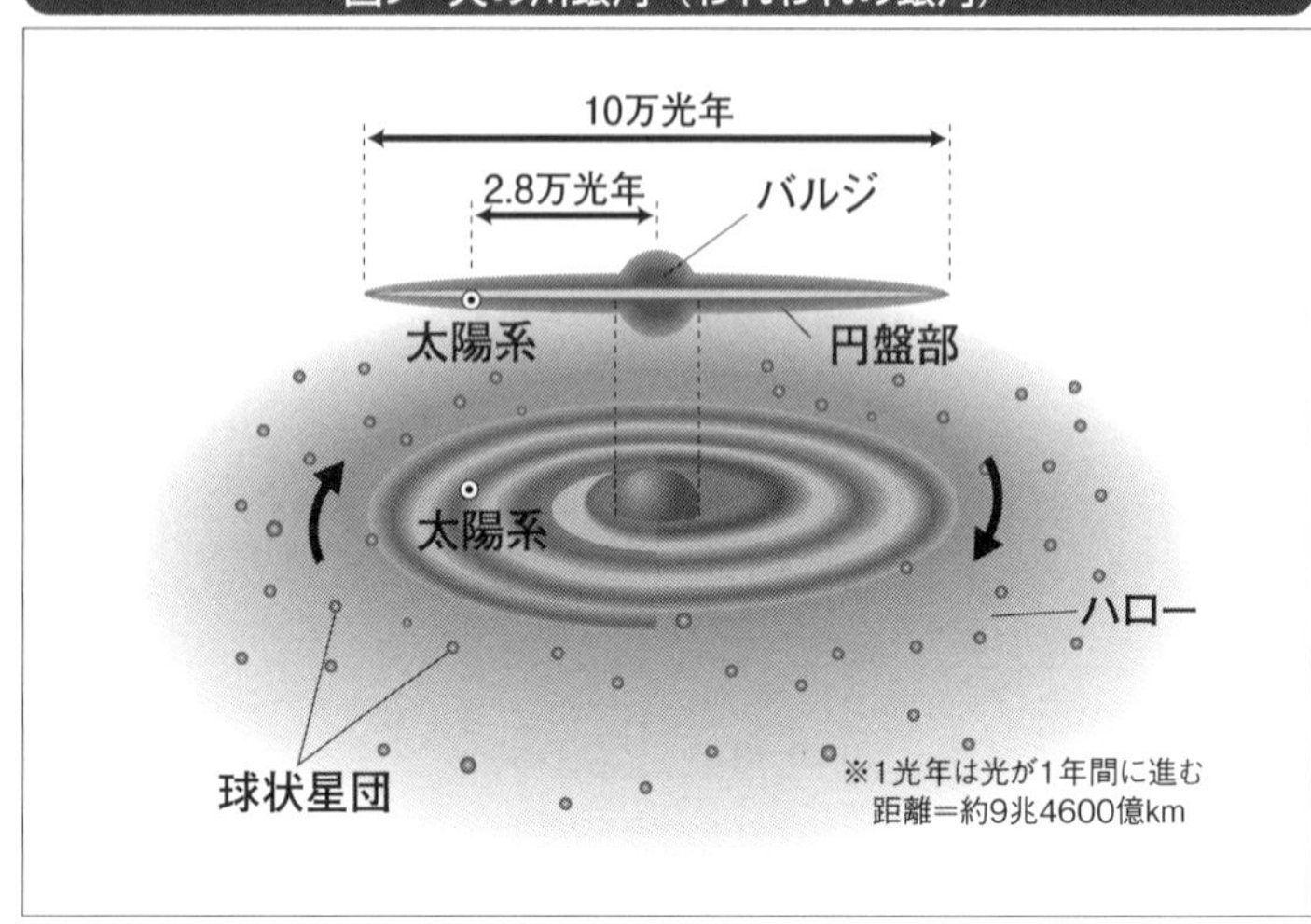

べるという地道な研究をしていました。私たちの住んでいる太陽系は「天の川銀河」の中にありますが、当時、天の川銀河の中の星々がどのような運動をしているのかはっきりとはわかっていませんでした。

オールトは太陽系から約３００光年内にある多数の星の運動を調べることで、平均するとそれらの星は、いて座方向の３万光年ほど彼方（かなた）にある銀河中心のまわりを回っていることを示したのです。そして**天の川銀河の質量が太陽の約１０００億倍**であり、**太陽系は銀河中心のまわりを約２億年で一周している**ことをつきとめたのです。

この大発見だけで話は終わりません。さらなる大発見が待っていました。

星の特異運動を引き起こす見えない質量

オールトの観測した星は平均すると銀河中心の

まわりを公転していますが、個々の星は近くの星の重力に引かれたりして、それとは微妙に違う運動をしています。このずれを「特異（とくい）運動」と呼びます。したがって、**個々の星の運動は、銀河中心まわりの回転運動とそれ以外の特異運動の２つを同時にしている**ことになります。

　オールトは特異運動についてもくわしく調べてみました。そして不思議なことに気がついたのです。**特異運動を起こす重力源が見当たらない**のです。見えている星だけの重力をもってしては、とても特異運動を説明することはできません。もちろん暗くて見えない星もあるので、それは見えている星の何割かあるとして考慮に入れても足りないのです。

「どうも観測にかからない質量がどこかに隠れているにちがいない」とオールトは結論せざるをえませんでした。歴史的には、これが「ダークマター」が天文学に姿を現した最初の例です。

　当時はダークマターとは呼ばれず「ミッシング・マス」、すなわち〝行方不明の質量〟という名で呼ばれていました。

　ちなみにオールトは電波観測から銀河の渦巻き構造を解明したことや、太陽のまわりを２００年以上の周期で公転する彗星（すいせい）の軌道をくわしく調べることで、太陽系を大きく囲む雲の存在を提唱したことでも知られている、20世紀最高の天文学者のひとりです。

6 「ミッシング・マス」という予言

あなどれない天文学者の直観

１９３０年代にもうひとつ、ダークマターの存在を示唆(しさ)する観測がありました。この観測は、スイス出身のフリッツ・ツビッキーという天文学者がおこなったものです。

ツビッキーという人はかなりの変わり者で、思い込みが激しく、自分はつねに正しく他の人はいつも間違っているというような考えの持ち主でした。しかし直観力が大変鋭い人でした。たとえば中性子星(ちゅうせいしせい)の存在を予言したのもツビッキーです。

原子(げんし)は中心に小さな原子核(げんしかく)があって、そのまわりを電子がとりまいている構造をしています。原子核は陽子(ようし)と中性子(ちゅうせいし)からできていますが、その中性子が発見されたのは１９３２年のことです。

その翌年、ツビッキーは同僚のウォルター・バーデと「**超新星の後に中性子星が残る**」と予言しました。超新星とは前述のとおり星の最期の大爆発のことで、その姿が昔は新しい星の誕生かと思われたのでこのような名前になっていました。そして中性子星はほとんど中性子からできた星で、質量は太陽の１・４倍程度なのに、半径は10キロメートル程度しかありません。高速で回

図10　酸素原子の構造

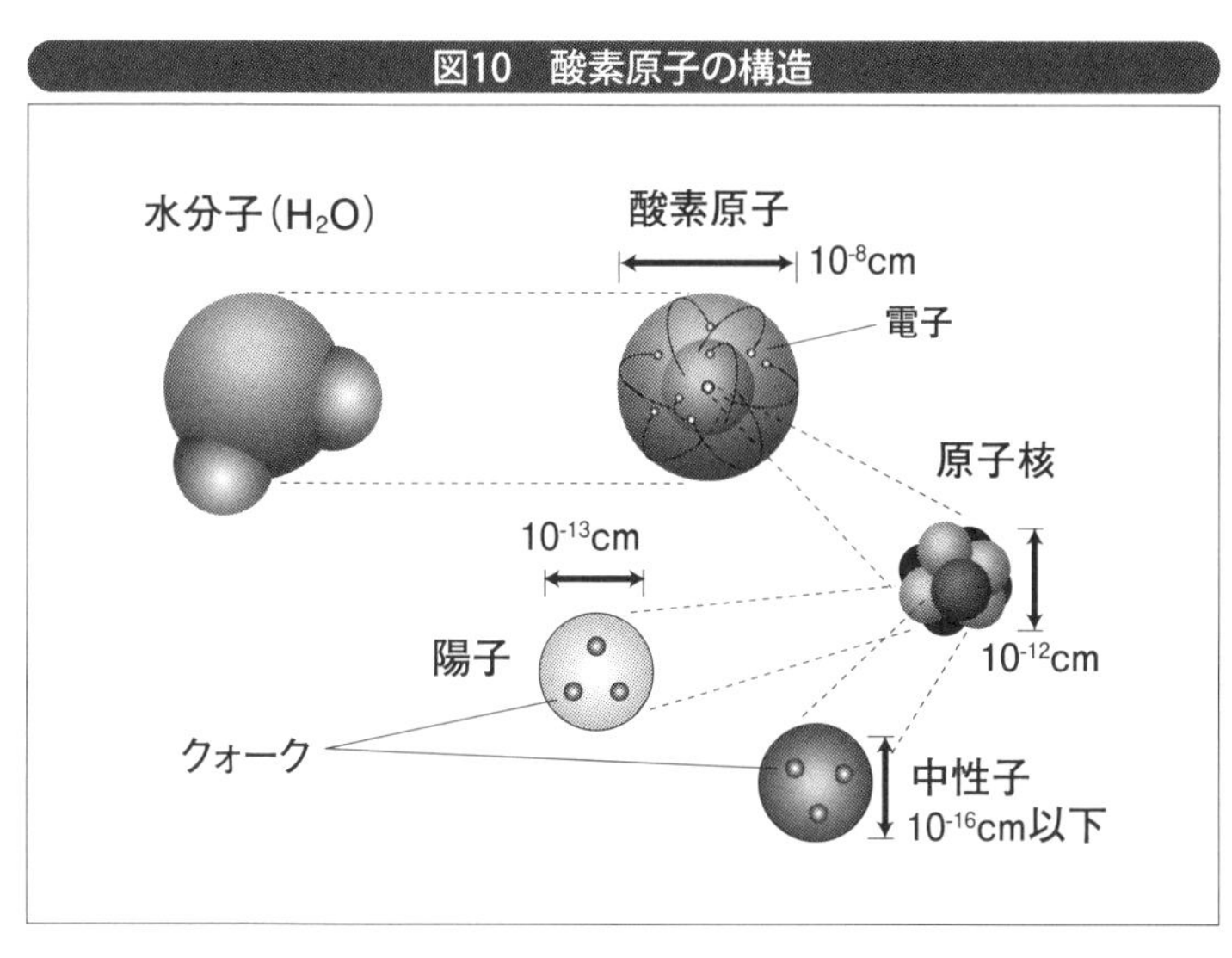

転していて、規則正しい間隔で電波やX線を放射しています。

同じ頃、ソ連の物理学者レフ・ランダウも中性子星の可能性を指摘しています。ということで、ツビッキーとバーデ、そしてランダウは中性子星の生みの親なのです。

しかしランダウとツビッキーに対して、たとえばアメリカの理論物理学者オッペンハイマーの評価はまったく違いました。

オッペンハイマーはランダウのいうことは信じましたが、ツビッキーのいうことは頭から無視したのです。ランダウと違ってツビッキーには物理学の深い理解はなく、単なる直観、あるいは思い込みでいったにすぎず、そんなものは参照するに値（あたい）しない、とオッペンハイマーをはじめ当時のほとんどすべての物理学者は思ったからです。

しかしツビッキーの直観が正しいことは、その後の歴史が証明しました。これと同じようなことがダークマターにも当てはまります。

銀河は集団で存在している——銀河群、銀河団

当時、ツビッキーは銀河が宇宙空間に群れをつくって存在していると考え、その例としてかみのけ座の方向に見える銀河の集団に着目しました。

バラバラに広がっているように見える**多くの銀河は、宇宙の中で集団をつくって存在しています。**銀河の小さな集団（100個程度以下）を「銀河群」、より大きな集団を「銀河団」と呼んでいます。

たとえばわれわれのいる天の川銀河とアンドロメダ銀河は、そのまわりの数十個の小さな銀河と一緒に銀河群をつくっています。また、春の星座であるおとめ座にはアマチュアの望遠鏡でも多数の銀河を見ることができますが、この集団はわれわれから約6000万光年程度彼方にあり、1000〜2000個の銀河を含んでいて「おとめ座銀河団」と呼ばれています。

ちなみに、われわれのいる**地球は、おとめ座銀河団の近くの局部銀河群の中の銀河系（天の川銀河）の中の太陽系第3惑星**となります。

銀河団はなぜ潰れないのか

さて、ツビッキーが着目した「かみのけ座銀河団」は私たちの天の川銀河から約3億光年の距

図11　宇宙の階層構造

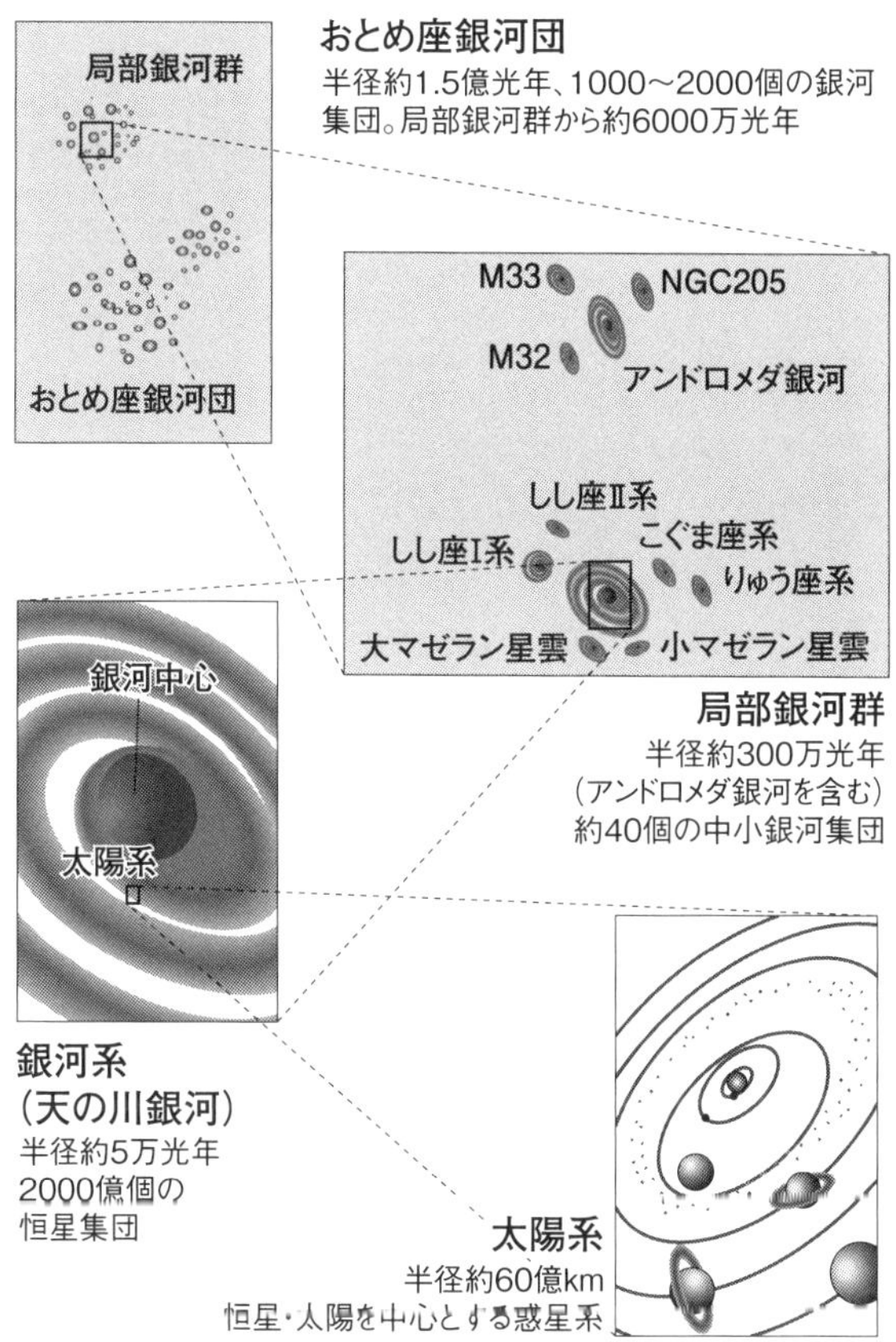

局部銀河群
おとめ座銀河団

おとめ座銀河団
半径約1.5億光年、1000～2000個の銀河集団。局部銀河群から約6000万光年

M33
NGC205
M32
アンドロメダ銀河
しし座Ⅱ系
こぐま座系
しし座Ⅰ系
りゅう座系
大マゼラン星雲
小マゼラン星雲

局部銀河群
半径約300万光年
（アンドロメダ銀河を含む）
約40個の中小銀河集団

銀河中心
太陽系

銀河系
（天の川銀河）
半径約5万光年
2000億個の
恒星集団

太陽系
半径約60億km
恒星・太陽を中心とする惑星系

離にある大小1000個以上の銀河を含み、全体として直径2000万光年ほどのほぼ球形の大集団です。

ツビッキーは、かみのけ座銀河団の重さを測ろうと考えました。そのために、彼は銀河団に含まれる個々の銀河の速度を測ったのです。

どうして速度を測ると銀河団の重さがわかるのでしょう。それに答えるために、**なぜ銀河団が潰（つぶ）れてしまわないか**を考えましょう。

銀河はお互いに重力で引き合っています。したがって銀河同士の距離はどんどん縮まっていき、最後にはすべての銀河が重なり合ってしまうでしょう。

でも、実際の銀河団はそうはなっていません。それは**個々の銀河がてんでんばらばらの方向に運動（特異運動）して、重力で引き合う力に対抗しているから**です。個々の銀河の運動の速度が速ければ速いほど、強い重力に対抗できます。こうしてツビッキーは銀河の速度を測ったのです。

銀河がバラバラになるのを防ぐもの

その結果、驚くべきことがわかりました。銀河は、銀河団に含まれる全部の銀河による重力を振り切って飛び出していくほどの速度をもっていたのです。銀河団はとうの昔に〝バラバラになっている〟はずなのです。

しかし、実際のかみのけ座銀河団はそうはなっていません。その理由をツビッキーは、大胆（だいたん）にも「かみのけ座銀河団の中には〝見えない質量〟が、見えているすべての銀河の質量をあわせたものの１００倍以上も大量に隠れているからだ」と考えたのです。

この**隠れている質量**を「ミッシング・マス（行方不明の質量）」と呼び、それ**による重力と釣り合うように、個々の銀河は大きな速度で運動している**と考えたのです。

この「ミッシング・マス」の存在はすぐに認められたわけではありません。「ミッシング・マス」は、見えていないものを幽霊をもち出して説明するようなものだからです。幽霊をもち出す前にいろいろな可能性を考えるべきです。

たとえば天文学の観測は地上の実験と違って、測定の精度がそれほどよくありません。だからツビッキーが測った速度の精度が悪かったのかもしれませんし、もし正しかったとしても、暗くて見えない星や小さな銀河がたくさんあるのかもしれません。

「ミッシング・マス」すなわちダークマターの存在をより確実にするには、もっとほかの状況証拠を集めなければならないのです。

7 光で銀河の速度を測る——天文学の基本

近づく光は青く、遠ざかる光は赤く

これまでの話で「星や銀河の速度をどうやって測るのだろう」と疑問をもった人もいるでしょう。天体の距離と速度を測ることは天文学の基本です。距離についてはあとで述べることにして、ここで速度の測り方について、少しくわしく説明しましょう。

天体の速度を測る方法の原理は、日常よく経験する現象で理解することができます。街を歩いていて救急車のサイレンを聞いたことがあるでしょう。そして、救急車が近づいてくるときは高く聞こえ、遠ざかっていくときには低く聞こえることに気がつくでしょう。

音というのは「空気の振動」です。私たちが音を聞くことができるのは、空気中を音の波（音波）が伝わり、耳の鼓膜（こまく）を振動させるからです。

音は波長（1つの山〔あるいは谷〕から次の山〔あるいは谷〕までの長さ）**が短ければ高く、長ければ低く聞こえます。**音源が近づいてくるとき音の波は圧縮されて波長が短くなり、遠ざかるときは引き伸ばされて波長が長くなるのです。

図12　青方偏移と赤方偏移

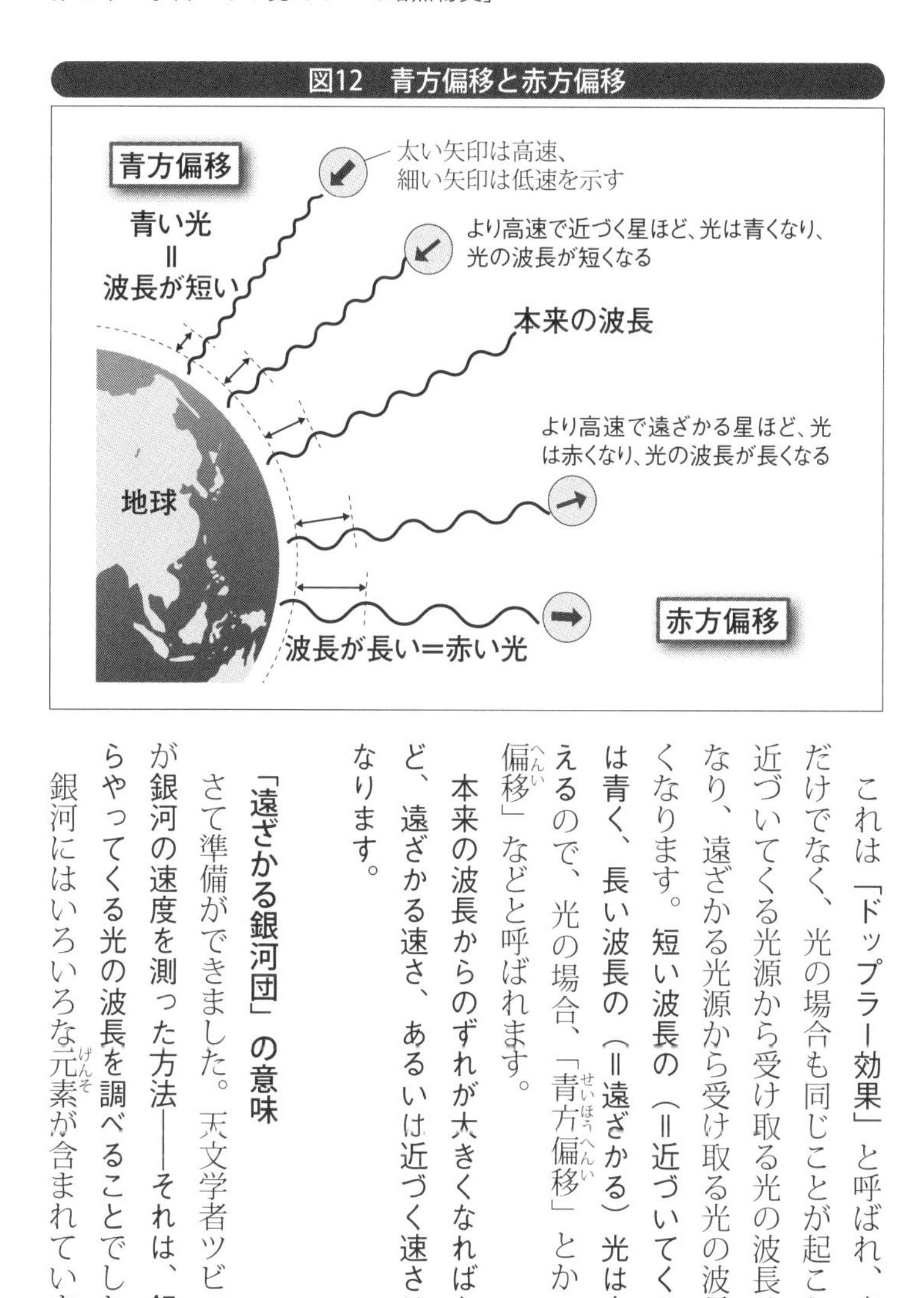

これは「ドップラー効果」と呼ばれ、音の波だけでなく、光の場合も同じことが起こります。近づいてくる光源から受け取る光の波長は短くなり、遠ざかる光源から受け取る光の波長は長くなります。**短い波長の（＝近づいてくる）光は青く、長い波長の（＝遠ざかる）光は赤く見える**ので、光の場合、「青方偏移」とか「赤方偏移」などと呼ばれます。

本来の波長からのずれが大きくなればなるほど、遠ざかる速さ、あるいは近づく速さは速くなります。

「遠ざかる銀河団」の意味

さて準備ができました。天文学者ツビッキーが銀河の速度を測った方法――それは、銀河からやってくる光の波長を調べることでした。

銀河にはいろいろな元素が含まれていますが、

たとえば水素は特定の波長の光を出すことが知られています。
かみのけ座銀河団の中の銀河に対してこの水素からの光を観測すると、すべての銀河で本来の波長から大なり小なり長く（＝赤く）なっています。これはかみのけ座銀河団が、全体として「私たちから遠ざかっている」ことを意味しています。

この理由は、空間がどんどん膨らんでいるからです。

宇宙はいまから１３７億年ほど前に大爆発ではじまり、空間はそれ以降膨張をつづけているのです。

かみのけ座銀河団はもとより、**すべての銀河団はこの「空間の膨張」によって私たちから遠ざかっている**のです。アメリカの天文学者ハッブルは、この方法を用いて１９２９年、宇宙が膨張していることを発見しました。

後述しますが、アインシュタインは自分のつくった「一般相対性理論」を宇宙全体に適用すると、宇宙は潰れざるをえないことを知っていました。ところが宇宙は永遠に不変のものと信じていたので、「宇宙定数」という奇妙な概念を導入して、宇宙の収縮を無理に止めた宇宙モデルを１９１７年につくっていました。

アインシュタインはハッブルの発見を聞いて、天を仰いだということです。「ブラックホールは存在しない」という主張と「宇宙は永遠不変」という主張は、アインシュタインの二大間違いとして知られています。

銀河団自体が膨らんでいるのではない

銀河団は宇宙膨張によって全体として私たちから遠ざかっていますが、銀河団自体は膨らんでいくわけではありません。銀河団の中の銀河同士はお互いの重力によって結びついているので、**いったん形成された銀河団は、宇宙膨張に関係なくその形を保つ**のです。

ツビッキーは銀河団内の個々の銀河からの光の波長を測って、それらが本来の波長からどの程度ずれているかを計算しました。銀河によってそのずれはさまざまな値(あたい)をとりますが、その平均が宇宙膨張による銀河団全体の運動を表します。そして銀河団内部の個々の銀河の運動は、この平均からの波長のずれによって表されます。こうしてツビッキーは、銀河団内の各銀河の速度を測ったのでした。

8 銀河はダークマターの透明衣(ごろも)をまとう

さまざまな銀河が浮かぶ宇宙

いくつかの状況証拠があるからといって、「ミッシング・マス」＝ダークマターの存在をそう簡単に信じるほど天文学者は単純ではありません。直接観測できない未知の物質を考えなくてすむなら、それにこしたことはありません。
実際、１９３０年代にオールトとツビッキーが「ミッシング・マス」の存在を示唆（しさ）してから、天文学者がその存在を信じるようになるまでには数十年の時間がかかりました。天文学者は、その間、いくつもの状況証拠を積み重ねていったのです。そのいくつかを紹介しましょう。銀河の観測から出てきた証拠の話です。

銀河というのは莫大（ばくだい）な数の星の集団です。私たちの天の川銀河は約２０００億の恒星（太陽のように自ら輝いている星）を含んでいて、その多くは直径約10万光年、厚さ数千光年の円盤状に分布しています。太陽系は円盤の中心から約２万８０００光年離れたところにあって、２億年くらいで中心のまわりを一回りしています（**5**図９参照）。

このような円盤状の構造をもっている銀河は**「円盤銀河」**とか、円盤に渦巻き（うずま）模様が見えるので**「渦巻き銀河」**などと呼ばれています。このような円盤構造をもたない銀河も多く、ラグビーボールのような形のものを**「楕円（だえん）銀河」**といいます。円盤銀河や楕円銀河のようなまとまった形をもたない銀河も多く、**「不規則銀河」**と呼ばれます。

私はときどき、後述する「重力レンズ」というものの観測のために、ハワイにある光学望遠鏡「すばる望遠鏡」に出かけます。すばる望遠鏡は、ハワイ諸島でいちばん大きなハワイ島のマウナケアという標高４２００メートルの山頂に設置されていますが、ほとんどの場合、観測はふもとのヒロの街にある観測所の一室でおこないます。

観測室には観測装置を熟知したサポートサイエンティスト、山頂には望遠鏡を操作するオペレーターがいて、彼らの助けを借りて観測がおこなわれます。数分間の露出（ろしゅつ）を数回くり返して、１つの視野（ほぼ満月の大きさ）の観測が終わります。それを何回かくり返して、目的の領域全体を観測するのです。

数分の露出後、その画像がモニターに現れます。そこには大小さまざまな銀河がたくさん映っています。円盤銀河もあれば楕円銀河も不規則銀河も、そして衝突（しょうとつ）している銀河もあります。そのおのおのが１０００億以上もの恒星を含んでいるのですから、モニターを見るたびにつくづく宇宙の広大さを実感します。

星間ガスの淡い雲が広がる

モニターで見ると星の集団としての銀河しか見えませんが、じつは**どの銀河も見えないダークマターの分厚い衣（ころも）をまとっています。**それも本体の10倍以上の重さで、大きさも見えている姿の数倍は広がっている巨大な衣です。

さて、なぜ銀河がダークマターの分厚い衣をまとっていることがわかったのでしょう。

銀河は莫大な数の恒星からできているといいましたが、恒星ばかりでなく恒星と恒星のあいだの広大な空間には、「星間（せいかん）ガス」というほとんど水素原子からできた淡い雲が浮かんでいます。

図13　一定速度で回転している水素ガス

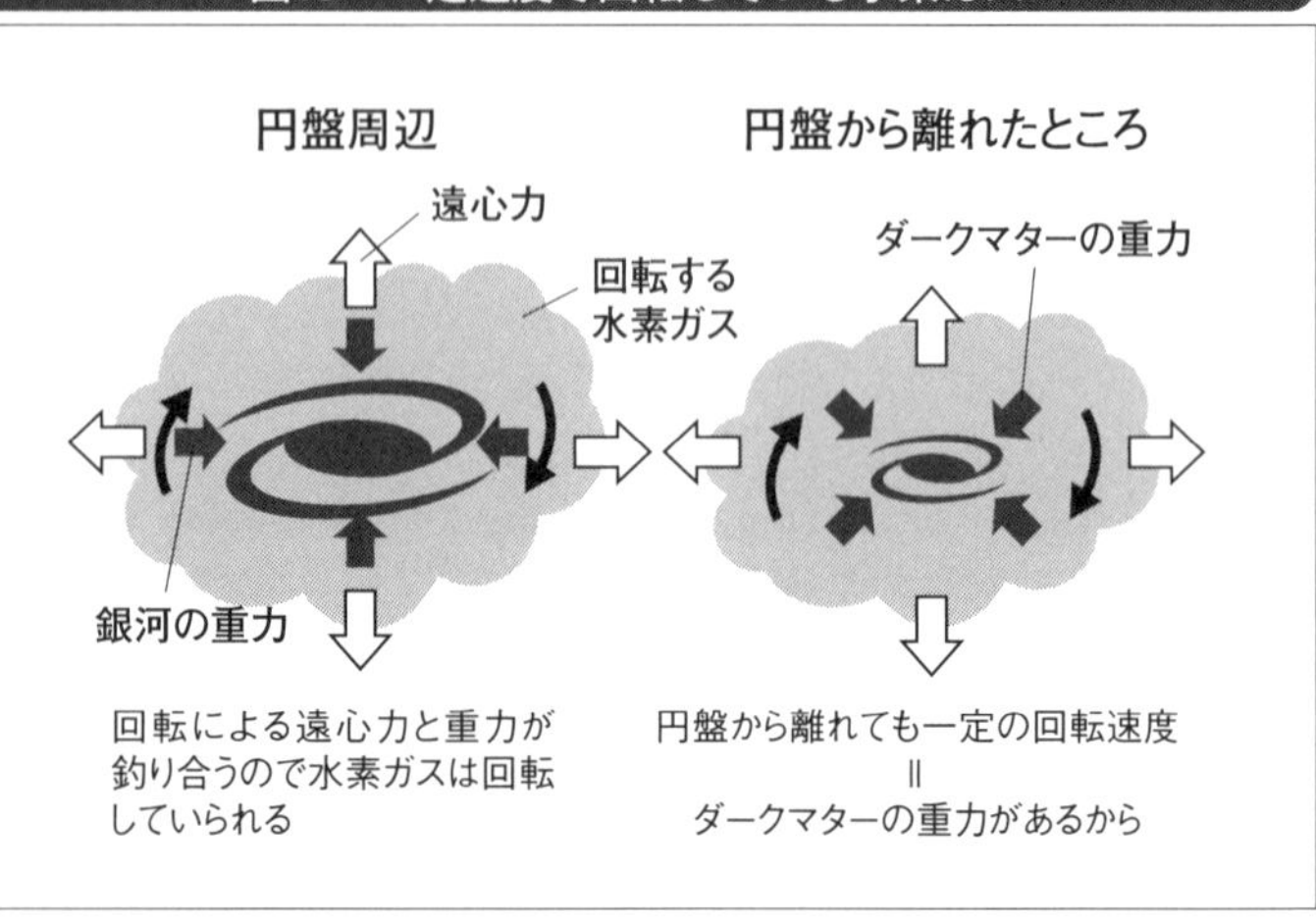

水素原子が出す電波を調べることで、この星間ガスがどのように分布して、どんな運動をしているかを調べることができます。

たとえば、水素原子が出す波長21センチメートルの電波がより短い波長で受信されたとすると、その電波源はわれわれのほうに近づいています。反対に、長い波長で観測されれば電波源は遠ざかっています。

これは前に説明した「ドップラー効果」によるものです（7参照）。この観測によって天の川銀河の渦巻き構造を解明したのは、ダークマターの存在を最初に指摘したオールトです。

ガスの回転速度はなぜ一定か

電波望遠鏡の技術が急速に進展した1970年以降、銀河周辺部の水素ガスの運動を観測していた天文学者たちは不思議なことを見つけました。

水素ガスは円盤の外側にも広がっていて、全体として銀河中心のまわりを回っています。もし回転していなかったら、銀河の重力に引かれて中心部へ落ち込んでしまいます。回転による遠心力と重力が釣り合って、水素ガスは中心から一定の距離をたもって回転していられるのです。回転する速さを調べれば、どのくらい重力が強いかがわかります。

実際に観測してみると、水素ガスの速度は銀河の円盤から離れても一定の値（あたい）**にとどまっていた**のです。もし円盤部分だけが質量をもっていれば、円盤から離れるにつれ重力は弱くなるので、回転速度は遅くなるはずです。

これは「銀河の回転速度」問題として知られる現象です。この観測結果は、**円盤の外にも見えない物質、すなわちダークマターが存在することを示している**のです。

9 ブラックホールもダークマターもX線でわかる

光も電磁波の仲間

円盤銀河だけがダークマターの分厚い衣を着ているわけではありません。楕円銀河も不規則銀河も同じような衣をまとっています。そして銀河の大集団、銀河団もダークマターに取り囲まれています。その証拠もあります。それは「X線天文学」による観測です。

ニュートンは太陽の光をプリズムに通すと、赤から紫までの7色に分かれることを発見しました。**赤い光は波長が長く、紫の光は波長が短い光**です。プリズムで光を色（波長）に分けることを「分光」といいます（第1章**2**図5参照）。

1800年、天文学者のウィリアム・ハーシェルはやはり太陽光を分光して、どの色の光がどのくらい物を温めるかということを調べていました。そのために分光した光をスクリーンに映して温度計を当ててみたのです。

ところがスクリーンの赤い光のとなりの、光が当たっていないところでも温度が上がることを発見したのです。これは太陽光の中に、目には見えませんが、赤い光よりも波長の長い光が含まれていることを示しています。これを「**赤外線**」といいます。

赤外線が発見された次の年には、紫の光より波長の短い光が発見されました。これが「**紫外線**」です。

その後1864年頃、スコットランドの物理学者ジェームズ・クラーク・マクスウェルが、電気と磁気の波が存在して、その速さはすでに知られていた光の速度に等しいことを理論的に発見しました。この波を「**電磁波**」といい、人間が目で見ることができる光（可視光）は波長が400〜800ナノメートルくらいの電磁波であることがわかったのです（1ナノメートルとは10億分の1メートル）。

図14　さまざまな電磁波

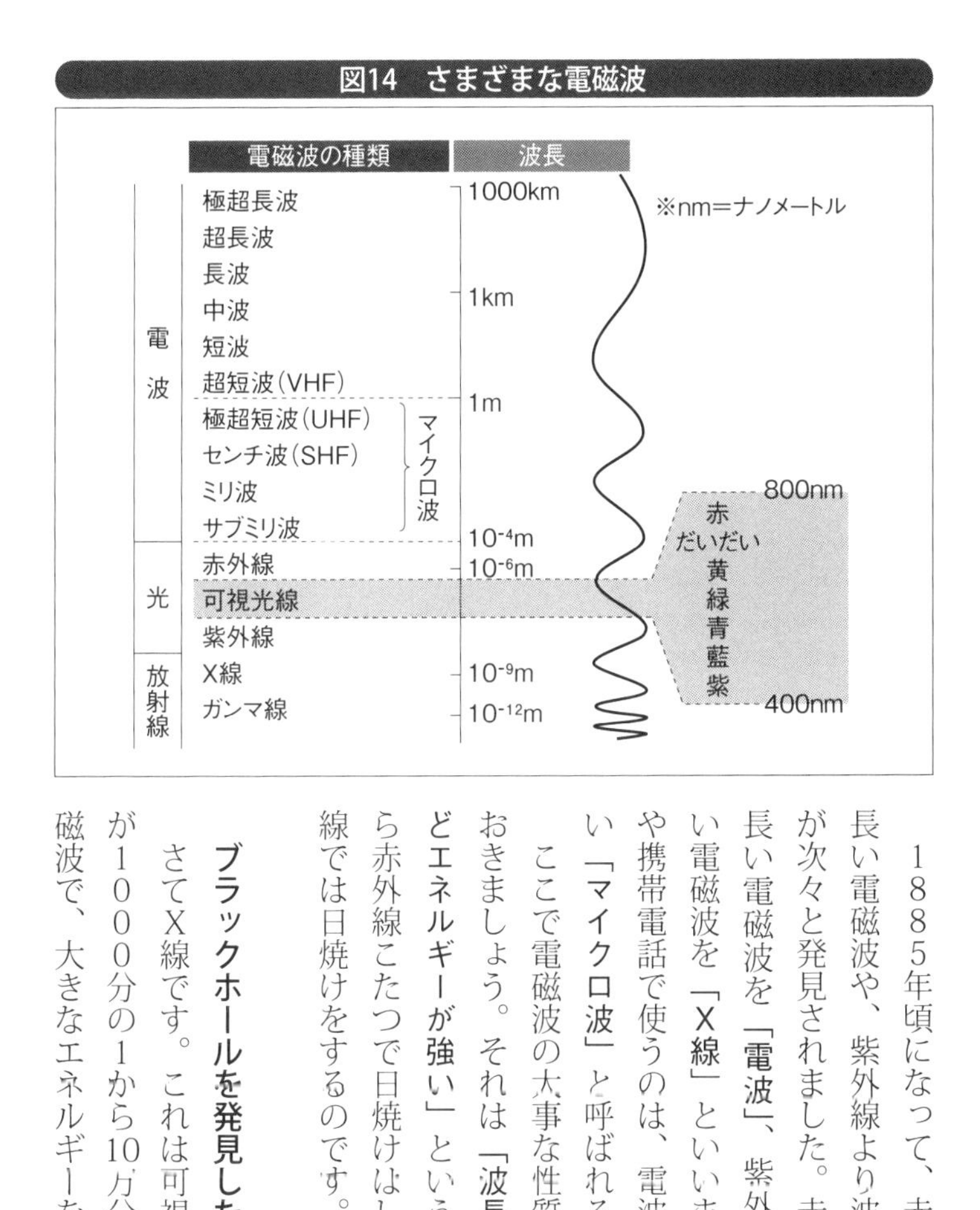

１８８５年頃になって、赤外線より波長の長い電磁波や、紫外線より波長の短い電磁波が次々と発見されました。赤外線より波長の長い電磁波を「**電波**」、紫外線より波長の短い電磁波を「**X線**」といいます。電子レンジや携帯電話で使うのは、電波の中で波長の短い「**マイクロ波**」と呼ばれるものです。

ここで電磁波の大事な性質をひとつ覚えておきましょう。それは「**波長が短い電磁波ほどエネルギーが強い**」ということです。だから赤外線こたつで日焼けはしませんが、紫外線では日焼けをするのです。

ブラックホールを発見したX線天文学

さてX線です。これは可視光に比べて波長が１０００分の１から10万分の１程度短い電磁波で、大きなエネルギーをもっています。

このことから、**X線を出す天体は100万度以上という非常に高温であることがわかります。**

X線天文学は宇宙の中でそのような高温天体を探すのが目的ですが、予想以上の不思議な天体を発見しました。それがブラックホールです。

ブラックホールは、前述のとおり、そこから光さえも逃げ出すことができないほど強力な重力をもった時空の領域のことです。光よりも速く運動する物体は存在しないので、いったんブラックホールに吸い込まれたものは、けっして外に出ることはありません。

ブラックホールに物質が落ち込む過程で、**ブラックホールの周囲には超高温の回転円盤ができ、そこからX線が出ています**（第1章2図6参照）。**X線天文学はそのX線を観測してブラックホールを発見しました。**

このほかにも、X線を出している天体がありました。そのひとつが楕円銀河からのX線でした。大きな楕円銀河をX線で見てみると、全体が明るく輝いていたのです。このX線も100万度という超高温のガスから放出されます。

ダークマターの重力が高温ガスを引きとめる

高温ガスがあることが、なぜダークマターと関係があるのでしょうか。

ガスが熱いということは、ガスをつくっている粒子の運動が非常に激しいということです。温度が100万度なら、だいたい秒速数万キロメートルという猛烈（もうれつ）な速さで飛び回っています。

図15　ダークマターの衣

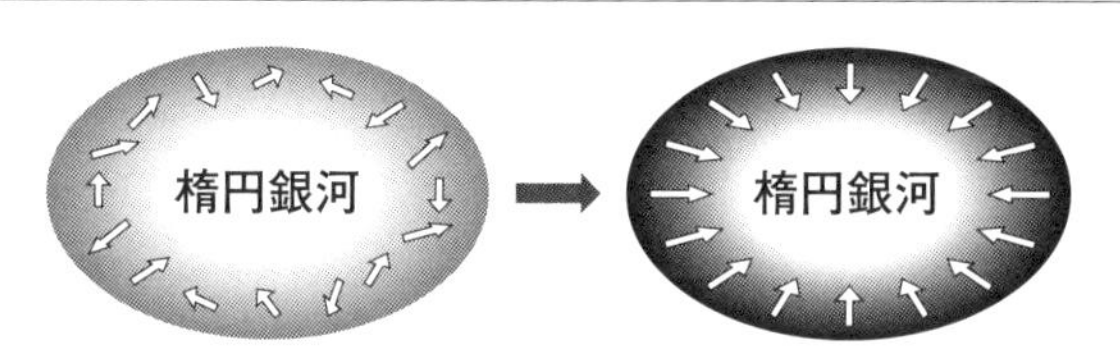

周囲のガスの粒子は激しく動いているので、飛び出してしまうはず

ダークマターの重力がガスを引きとめている

そんな粒子は、何か引きとめる力が働いていなければ、楕円銀河からあっという間に逃げだしてしまうでしょう。その引きとめている力が、楕円銀河の重力です。**重力は**万有引力とも呼ばれるように、**質量に比例した引力として働きます。**

ところが見えている楕円銀河の質量、すなわち楕円銀河を構成している恒星の質量の総和だけでは、このような高温のガスを引きとめておくほど重力が強くないのです。

そこで登場するのがダークマターです。楕円銀河の大きさによって違いますが、**ダークマターが恒星の総量の10倍以上あれば、このような高温ガスを引きとめておくことができる**のです。

質量が小さいため直接観測することができませんが、不規則銀河もダークマターの衣をまとっていると考えられています。あとで述べますが、宇宙の初めにダークマターのかたまりができて、その重力によって宇宙空間に広がっていたガスが引き寄せられ、ダークマターの中心部で銀河が生まれると考えられています。こうして「すべての銀河はダークマターの衣をまとっている」のです。

超高温ガスも閉じ込めている

多くの銀河は宇宙の中で銀河群、銀河団などの集団をつくって存在していると説明しました（**6**参照）。ツビッキーが最初にダークマターの存在を示唆したのが、銀河団でした。

銀河団をX線で観測してみると、明るく輝いていることがわかります。しかもそのX線を出しているのは、銀河と銀河のあいだに漂う数千万度という超高温のガス（銀河間ガス）です。まるで大きな池に何千個ものスイカがぷかぷか浮かんでいるように、**「大きく広がる超高温ガスの中に銀河が浮いている」というのが銀河団の正しいイメージ**なのです。

そして、この超高温ガスの総質量は、銀河団内にある１０００〜２０００個の銀河すべてを合わせた質量よりも大きいのです。

ここでも先に述べたことと同じ問題があります。超高温ガスはなぜ宇宙空間に飛び散ってしまわないのでしょう。答えは同じです。ダークマターが見えている銀河団よりももっと大きく広がっていて、その重力によって超高温ガスを閉じ込めているのです。

ダークマターは銀河の総質量と超高温ガスの総質量を合計したものの、数倍から10倍の質量をもっていると考えられています。

10 重力は特別な力

ニュートンの理論でも知られていた現象

ここまでダークマターの存在の状況証拠を並べてきましたが、納得できたでしょうか。状況証拠ばかりで裁判になったら負けるぞ、と思う人も多いでしょう。これはダークマターがまったく電磁波を出さず、また吸収もしないという性質のため、仕方がないことなのですが、やはりもっと直接的な証拠がほしいところです。

そこで、私が考えるいちばん直接的な証拠を最後に紹介しましょう。それは「重力レンズ」という現象です。

重力レンズというのは、重力が光を曲げてレンズの役割をする結果現れる現象です。１９１６年にアインシュタインはニュートンの重力理論にとって代わる新しい重力理論を提案しました。この重力理論が「一般相対性理論」ですが、提案された当時はあまりに難解で、この理論を理解している人は世界中に10人といないといわれたそうです。

この理論の予言のひとつに、「重力による光の進路の曲がり」があります。

これには誤解があるので、少しくわしく話しましょう。

アインシュタインの理論だけが重力による光の曲がりを予言するものではありません。ニュートンの理論でも光は曲がります。このことは、アインシュタインが一般相対性理論を提案する100年ほど前に指摘されていました。

重力が光を曲げることは、重力のもっている特別な性質のためで、ニュートンの理論であれアインシュタインの理論であれ、どんな重力理論でも必ず起こることなのです。

この特別な性質は、400年以上も前からよく知られています。みなさんはガリレオがおこなったというピサの斜塔の実験を知っていると思います。ガリレオは同じ大きさの鉄の玉と木の玉を同時に落として、それらが同時に地面に届くことを確かめたという実験です。

じつはこの話はガリレオの弟子の作り話ですが、要するに、**「重力による運動は、最初の位置と速度が同じなら物体の重さに関係がない＝重いものも軽いものも同じ加速度で落下する」**ということです。重力のこの特別な性質を**「等価原理（とうかげんり）」**と呼びます。これはアインシュタインの一般相対性理論でも基本の原理のひとつとなっています。

自然界にある「4つの力」

さて、自然界には「4つの力」が存在することが知られています。**「重力」「電磁気力」「強い力」「弱い力」**です。ここでいう「力」とは物と物とのあいだにエネルギーのやりとりをともなって働く「相互作用」のことです。日常では筋力やバネの力も「力」といいますが、これらは基

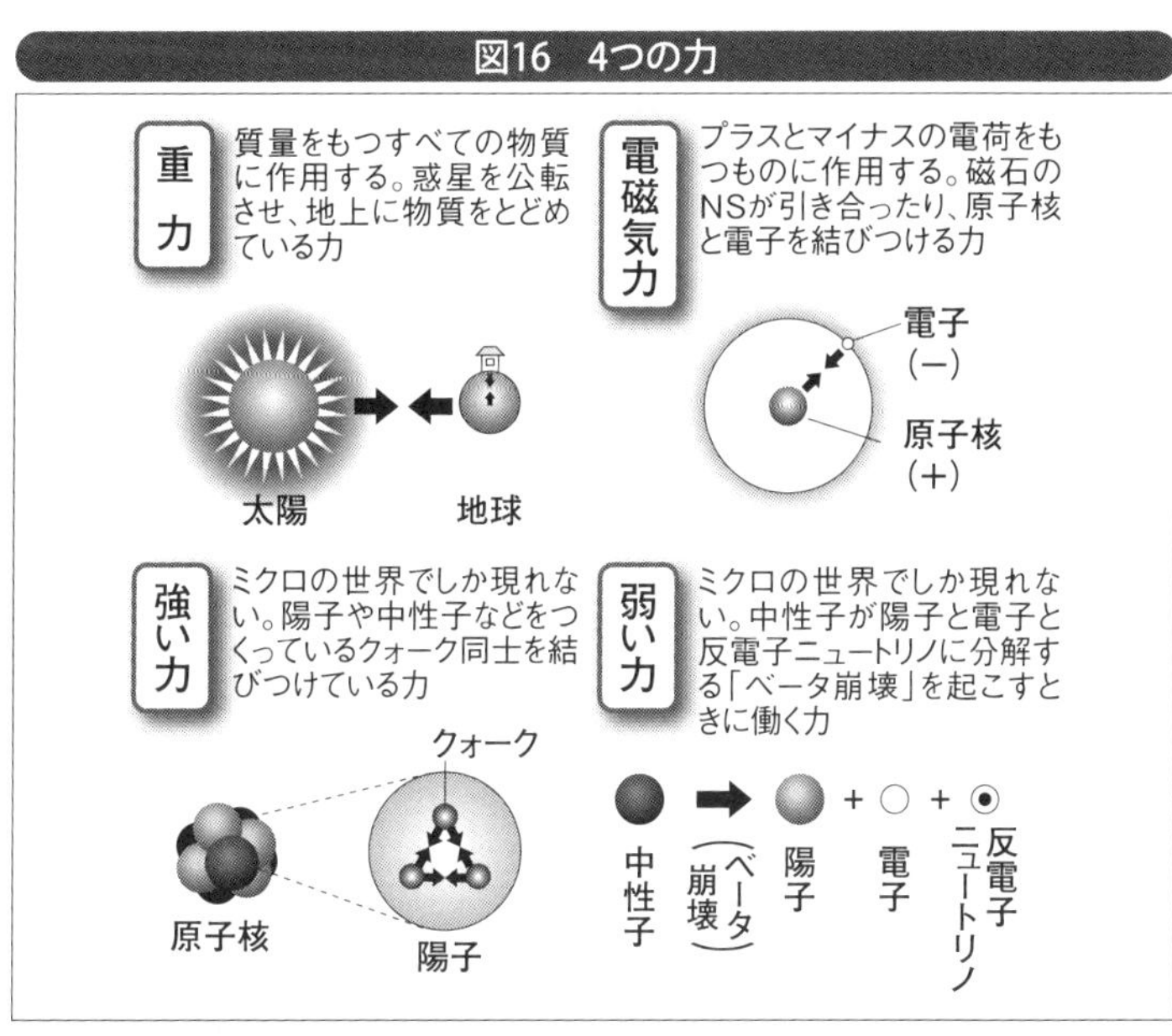

図16　4つの力

本的な力ではありません。

すべての力の源をたどっていくと、最後はすべてこの4つのどれかの力にたどりつくのです。逆にいうと、この4つの力でほかの力はすべて説明できます。

昔から知られているのは重力と電磁気力です。強い力と弱い力は20世紀になってから発見されたもので、原子内部の素粒子同士といったミクロな世界でのみ働く力です。これらの力の話はおいおいすることにして、いまは**自然界のありとあらゆる現象が、この4つの力で起こる**と認めてください。

この4つの力の中で重力は特別です。たとえば、電荷をもっている物体同士は電磁気力を受けますが、電荷をもっていなければ電磁気力を受けることはありません。

図17 へこみで曲がるボール

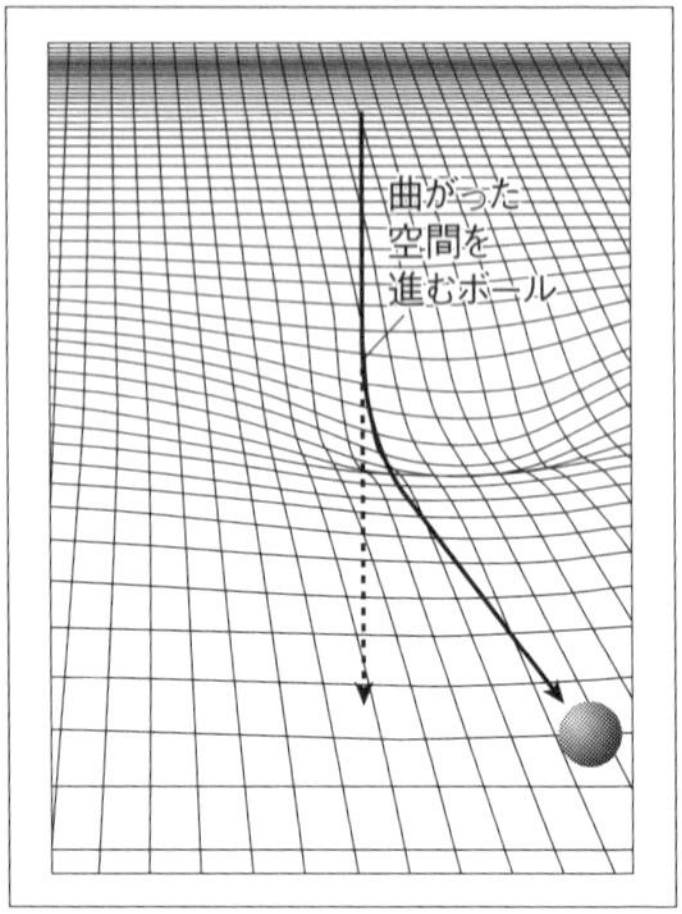

また、電荷にはプラスとマイナスの2種類あります。プラスの電荷とマイナスの電荷では、受ける力は正反対の方向を向いています。だから初めの位置と速度を同じにしても、その後の運動はプラスの電荷とマイナスの電荷ではまったく違ってくるのです。

強い力と弱い力も同様で、これらの力はそれぞれある種の電荷をもった粒子同士にしか働きません。

ところが、**重力はその重さに関係なく、どんな粒子にもまったく同じに働く**のです。これが「等価原理」で、ほかの力がもっていない重力の特別な性質です。

ここまで話せば、ニュートンの理論でも重力が光の進路を曲げることがわかります。光は重さのない「光子」と呼ばれる粒子の集まりと考えることができます。重力による物体の重さによらないのですから、**光子も普通の粒子のように重力によってその進路が曲げられる**のです。

空間を曲げ、光も曲げる重力

では、ニュートン理論とアインシュタイン理論では何が違うのでしょう。それは光がどのくらい曲がるかが違うのです。アインシュタイン理論のほうが、ニュートン理論より角度にして２倍曲がるのです。その余分な曲がりが、アインシュタイン理論の特徴です。

アインシュタイン理論では、**重力の源である物体のまわりで「空間」が曲がります**。ニュートン理論では、そんなことは起こりません。この違いが光の進路の余分な曲がりをもたらすのです。

どうして空間が曲がっていると光の進路が曲がるのか、を理解する身近な例があります。地面にへこみがあると、そのへこみを通ったボールは直進せず、曲がってしまいますね。空間による光の進路の曲がりは、これとよく似た現象なのです。

11 銀河がレンズの役割を果たす

よく似た２つのクェーサーは別物？

さて重力レンズですが、一般相対性理論が提案された数年後には、次のような可能性が指摘されています。

「遠方の星と地球とを結ぶ直線上の近くにもう１つの星があると、その星の重力によって遠方の星からの光が曲げられて、地球から星の像が２個見える」

図18　重力レンズ

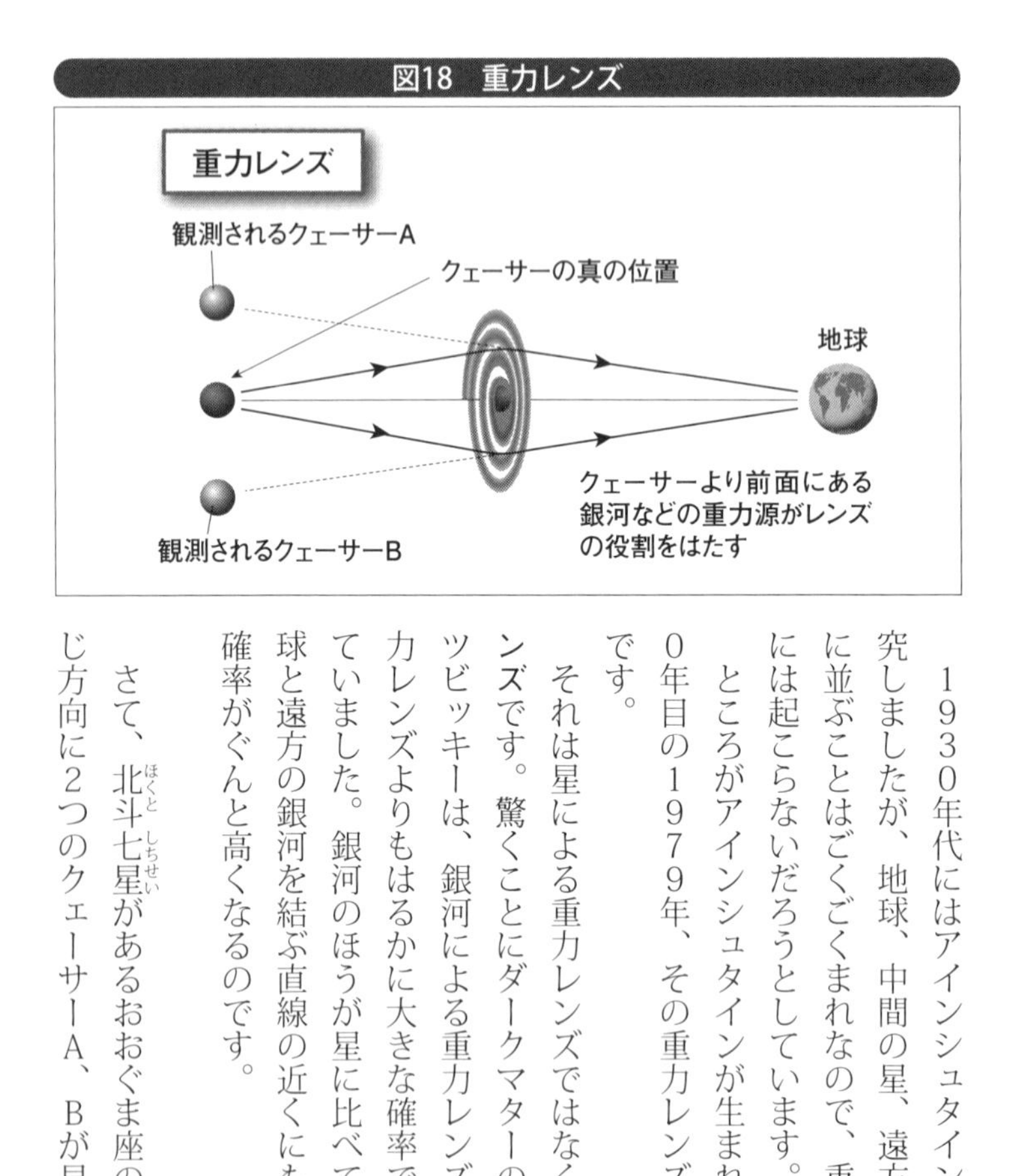

１９３０年代にはアインシュタイン自身もこの現象を研究しましたが、地球、中間の星、遠方の星がほぼ一直線上に並ぶことはごくごくまれなので、重力レンズ現象は実際には起こらないだろうとしています。

ところがアインシュタインが生まれてからちょうど１００年目の１９７９年、その重力レンズ現象が発見されたのです。

それは星による重力レンズではなく、**銀河による重力レンズ**です。驚くことにダークマターの存在を予言したあのツビッキーは、銀河による重力レンズのほうが星による重力レンズよりもはるかに大きな確率で起こることを指摘していました。銀河のほうが星に比べてはるかに大きく、地球と遠方の銀河を結ぶ直線の近くにもう１つの銀河がある確率がぐんと高くなるのです。

さて、北斗七星（ほくとしちせい）があるおおぐま座の近くに、ほとんど同じ方向に２つのクェーサーＡ、Ｂが見えます。もう少し正確にいうと、このクェーサーAとBは「角度にして６秒」しか離れていません。

角度の６秒というのは感覚がつかめないかもしれませんが、満月の見かけの大きさの３００分の１程度です。満月の見かけの大きさは、５円玉を腕を伸ばして持って見たとき、その穴の大きさ程度です。満月の夜、お月様は大きく見えますが、意外と小さいでしょう。

どちらのクェーサーも、地球から約87億光年離れていることがわかっています。もしこのクェーサーAとBが別物なら、それらのあいだは20万光年離れていることになります。私たちの天の川銀河の直径が10万光年程度ですから、20万光年というのは銀河と銀河が接するほどの近距離です。そんな近い距離にクェーサーが生まれるものでしょうか。

天体の〝指紋〟で同一と判明

天文学者たちは１９７９年、それらのクェーサーのスペクトルをとってみることにしました。スペクトルというのは光を波長ごとに分けたものでしたね（第1章❷図５参照）。スペクトルには吸収線や輝線（きせん）が見えますが、それらは天体に含まれるいろいろな元素がつくるものです。

スペクトルを見た天文学者たちは驚きました。なんと２つのクェーサーのスペクトルはほとんど同じだったのです。

スペクトルは指紋のようなものです。指紋が同じなら同一人物と考えるように、スペクトルが同じなら同一天体と考えるのが自然です。

2つのクェーサーとして見えていたのは、87億光年彼方の1つのクェーサーからの光が地球に届くまでに、途中にある天体の重力によって曲げられてできた像なのです。

その後、レンズの役割をしている大きな楕円銀河が37億光年彼方に発見されて、重力レンズであることが確実になりました。

この発見を機に、堰を切ったように数多くの重力レンズ現象が発見されました。

ダークマターは重力レンズを強める

銀河による重力レンズばかりでなく、**銀河団による重力レンズ**も観測されています。

銀河団を観測すると、その中にコンパスで描いたような細長い円弧状の像が見えることがあります。これは、遠方の銀河が銀河団の重力によってゆがめられて見えているのです。

どの程度ゆがめられているかは、銀河団にどの程度質量が詰まっているのかで決まります。その質量は、もちろん銀河だけでなくダークマターも含んでいます。

このような像が発見された1985年前後、私はアメリカのセントルイスにある大学にいましたが、まったく予期していなかった現象なので、談話会などの報告で聴衆が大変興奮したのを覚えています。その当時、私は天体の運動によってどのような重力波が放出されるかという研究をしていて、将来重力レンズの研究をすることになるとは想像もしませんでした。

また、銀河によって2つの像ができる重力レンズの場合は、**銀河のまわりのダークマターが多**

ければ多いほど、像の間隔が大きくなります。このように重力レンズによってできた像を観測することで、レンズの役割をしている天体にどれほどダークマターが含まれているかがわかるのです。

いずれにせよ、見えている銀河の質量だけでは、観測される重力レンズ現象を説明することはとうていできません。**ダークマターは見えませんが光を曲げるので、その曲がりを観測することでダークマターの存在を確かめ、またその分布を決めることができる**のです。

じつは現在の私のおもな研究対象のひとつは重力レンズです。正確にいえば「重力レンズ現象を使ってダークマターとダークエネルギー（暗黒エネルギー）の性質を調べること」です。すばる望遠鏡のような大望遠鏡で巨大な銀河団を観測すると、数分の露出で重力レンズイメージがはっきりと見えることがあり、モニターに見入ってしまいます。

第3章　ダークマターが銀河を育てた

12 ダークマター候補の「MACHO（マッチョ）」と「WIMPs（ウィンプス）」

もういいかげんダークマターの状況証拠はいいから、その正体を教えてくれ、といいたいところでしょう。残念ながら、われわれはまだ**ダークマターの正体**を知りません。しかし、いくつか候補があるので、それについてお話ししましょう。

その候補には「MACHO（マッチョ）（筋肉マン）」と「WIMPs（ウィンプス）（弱虫）」という名前がついています。

MACHOとはMassive Compact Halo Object（質量のある小さなハローに存在する天体）の略、WIMPsとはWeakly Interacting Massive Particles（相互作用が弱い質量をもった粒子）の略です。

「MACHO」は暗くて小さな星？

まずMACHOから説明しましょう。ダークマターは電磁波も出さず吸収もしないといいましたが、本当にそうなのでしょうか。単に暗くて、どんな望遠鏡でも見えないだけではないでしょうか。

たとえば恒星（こうせい）のなれの果てである白色矮星（はくしょくわいせい）（太陽の質量の3倍程度以下の恒星の最期の姿。高温で、地球と同じ程度の直径ながら1立方センチメートルあたり約1トンもの重さをもち、白色光を発する）や中性子星は、できたばかりでは高温で白く輝いていますが、だんだん冷えてきて暗くなってきます。

ブラックホールも、まわりに星間ガスがなければ輝くことはできません。さらに、木星のような自分自身では輝くことができない星もあるかもしれません。

このような暗くて小さな星が銀河のまわり（ハロー）を取り巻いていると考えて、Massive Compact Halo Object というのです。**もしＭＡＣＨＯがダークマターなら、妙な物質を考える必要がなく、私たちのよく知っている物質だけで事足りる**ので、保守的な人には好みなのです。

マゼラン星雲からの光は見えたが……

ＭＡＣＨＯが本当に存在するかどうかを確かめるために、マゼラン星雲の星を使った「重力レンズ」の観測がおこなわれました。マゼラン星雲は、南半球に行くと見える、われわれの天の川銀河のお伴をしているような銀河です（重力的に結びついて互いに回転している銀河の組の大きいほうを親銀河、小さいほうを伴銀河と呼ぶ）。大小２つの星雲がありますが、この観測で使われたのは大マゼラン星雲のほうで、約16万光年彼方にあります。

マゼラン星雲の星からの光が天の川銀河のハローにあるＭＡＣＨＯのそばを通ると、ＭＡＣＨＯの重力によって曲げられます。その結果、本来地球に届かなかった星からの光が届くようになり、本来の星よりも明るく見えるようになります。

図19　MACHOの原理

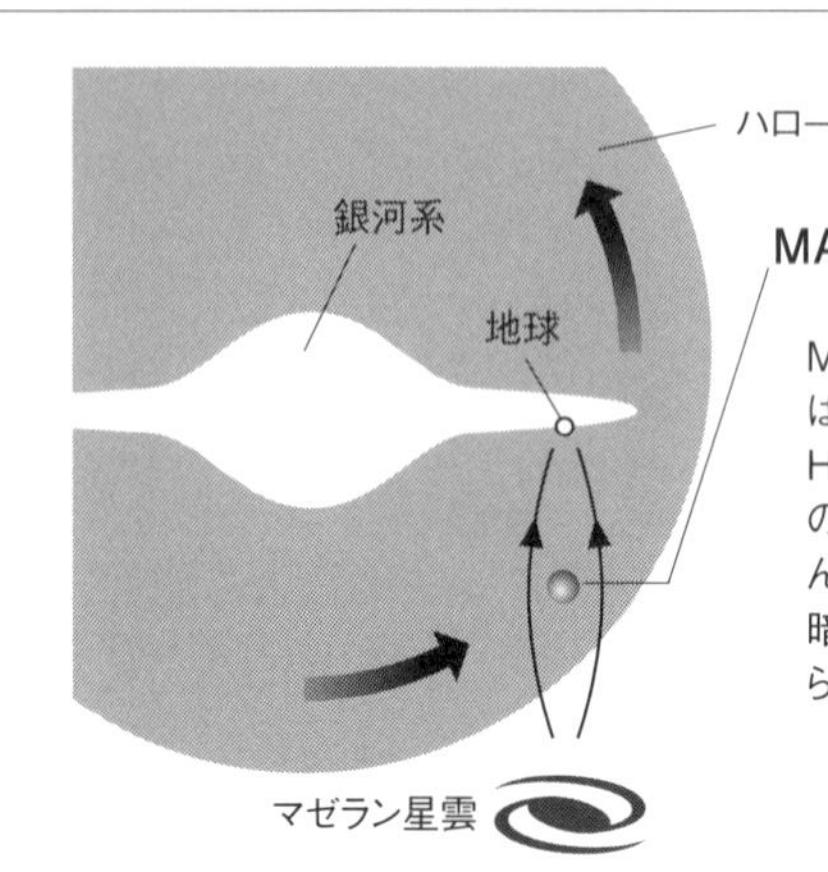

ハロー内のMACHOは動き回っているので、マゼラン星雲の星の手前を通りすぎることがあります。するとその星は2〜3日で本来の明るさからだんだん明るくなり、そしてまた本来の明るさに戻ります。この現象を観測すればよいのです。

ただしアインシュタインが指摘したように地球、MACHO、マゼラン星雲の星が一直線に並ぶ確率はとても小さいので、1つの星だけを観測していたのではいつまでたってもそんなことは起こらないでしょう。そこで1000万個程度の星をつねにモニターしておくのです。すると、そのうちの何個かはMACHOで重力レンズを受けるでしょう。

実際に名古屋大学などのチームが南半球でこの観測をおこない、何回か重力レンズ現象が観測されました。この観測結果からたしかに**MACHOは存在することは確認されましたが、残念ながらその量はとてもすべてのダークマターを説明するには足りな**

いこともわかりました。

素粒子「WIMPs」

ということで、やはりダークマターの大半は電磁波を放出も吸収もしない不思議な物質がそのほとんどを占めると考えられています。そしてその候補が「WIMPs」なのです。

WIMPsはある種の素粒子です。素粒子というのは宇宙のありとあらゆる存在の究極（＝最小）の構成粒子のことです。

私たちの体をつくっているのは炭素原子や窒素原子などの原子ですが、原子は究極の構成要素ではありません。原子は中心に原子核があり、そのまわりを電子が取り囲んでいます。

電子は素粒子と考えられていますが、原子核は陽子と中性子からできています。でも、陽子も中性子も素粒子ではありません。陽子や中性子は「クォーク」と呼ばれる素粒子からできているのです（第2章6図10参照）。

本当に電子やクォークは素粒子なのか、もっと小さい粒子があってクォークや電子をつくっているのではないか、という疑問は当然出てくると思います。

電子やクォークは小さな小さな「ひも」がぶるぶると震えている状態で、究極的な存在は粒子ではなく、「ひも」だという説がありますが、まだ確認されていないので、ここでは電子やクォークが素粒子だとして話を進めましょう。

強い力と電磁気力を受けない素粒子?

あとでくわしく説明しますが(**17**図25参照)、**素粒子同士は別の素粒子をやりとりすることによってお互いに力を及ぼしあいます。**

一方、自然界には先述の「重力」「電磁気力」「強い力」「弱い力」の4つの力が存在することが知られていて、素粒子のもっている性質によってやりとりする素粒子の種類が違い、どの力を受けるかが決まります。たとえば、電子と電子のあいだに光子がやりとりされることによって、電磁気力が伝わる、といった具合です。

この中でおなじみの力は重力と電磁気力ですね。強い力は陽子や中性子の中でクォーク同士を結びつけている力です。弱い力は、たとえば中性子を陽子に変えるなど素粒子の種類を変えてしまう力で、強い力と同様にごくごく短い距離でしか伝わることができません。

力の大きさの比較は素粒子同士の距離によって違ってきますが、大ざっぱにいって強い力は電磁気力の100倍、弱い力は電磁気力の1000億分の1の強さです。

WIMPsも素粒子の一種ですが、ほかの素粒子が強い力や電磁気力を受けるのに対して、**重力以外の力を受けないか、あるいは重力と弱い力しか受けない特別の素粒子**なのです。問題はそんな素粒子は実際に存在するのか、ということですが、これは次にお話ししましょう。

13 謎の素粒子ニュートリノがダークマターか？

どんなものとも衝突せずに直進

ダークマターの候補になる素粒子は、光を出したり吸ったりしないので電磁気力を受けてはいけません。またまだ発見されていないということは、物質、あるいはその主成分である陽子や中性子と強い力をやりとりするものであってもいけません。なぜなら陽子や中性子を使った実験は簡単におこなうことができるので、強い力を及ぼすならすでに見つかっているでしょう。

したがって**ダークマターの候補は、重力以外の力を受けないか、あるいは重力と弱い力しか受けない素粒子**でしょう。弱い力はその名のとおり力の強さがとても弱いので、実験で見つけることが難しいのです。しかしそんな素粒子は実際に存在するのでしょうか。

そのような素粒子はすでに観測されています。「ニュートリノ」と呼ばれる素粒子です。

前述のとおり、２００２年度のノーベル物理学賞が、ニュートリノ天文学の創造という功績により日本の小柴昌俊（こしばまさとし）博士に授与されました。

小柴博士をリーダーとするグループは１９８７年、「カミオカンデ」で16万光年彼方（かなた）の大マゼラン星雲に現れた超新星からのニュートリノを、世界で初めて検出したのです。これによってわれわれの超新星の理解が大きく進み、「ニュートリノ天文学」という新しい分野がはじまったのです。

超新星爆発（第1章**2**図7参照）のとき、星の中心部は自分自身の重さに耐え切れず急激に収縮して超高温、超高密度になり、ニュートリノが大量に放出されます。そしてそのニュートリノは、途中にどんなものがあっても素通りして、そのまま地球まで届くのです。**ニュートリノは、どんな素粒子とも衝突（しょうとつ）せずにまっすぐ進む**からです。

「ベータ崩壊」で消えたエネルギーを運び去る

そもそもニュートリノという素粒子の存在が予言されたのは、1930年のことです。当時、**中性子が陽子に変わるとき電子が出てくる「ベータ崩壊」**という現象（第2章**10**図16参照）が知られていましたが、**この現象で物理学の大前提である「エネルギー保存の法則」の破れ（破綻（はたん）していること）が報告されていた**のです。

エネルギー保存の法則とは「ある形態のエネルギーを別の形態のエネルギーに変換しても、そのエネルギー総量は変化しない」というものです。この場合、中性子が陽子と電子に変わったわけですから、最初に中性子がもっていたエネルギーと最後に陽子と電子がもっているエネルギーは等しいはずです。

ところがどんなに精密に測っても、最後の陽子と電子のもっているエネルギーのほうが小さいのです。そしてどんなにくわしく観測しても、陽子と電子以外に出てきた素粒子は見当たらないのです。エネルギーがどこかに消えてしまったとしか考えられません。

ベータ崩壊ではエネルギー保存の法則が成り立っていないと考えればよい、と思うかもしれませんが、そう簡単なことではありません。自然科学というのは何度も何度も実験で確かめられた法則という名前の決まりがあって、それを守りながらおこなうゲームのようなもので、決まりがなければ自然科学になりません。エネルギー保存の法則を捨て去ることは、科学の放棄にほかなりません。

そこでスイスの物理学者ウォルフガング・パウリは、ベータ崩壊が起こるときに**「観測できない電荷(でんか)をもたない素粒子」**も出ているはずだ、そして**その素粒子が**〝消えたエネルギー〟を運んだと考えたのです。

そしてこの素粒子はどんな観測にもかからないほど、ほかの素粒子とはまったく、あるいはほとんど反応しないとしました。まさにダークマターの性質にうってつけです。**この素粒子がニュートリノ、日本語訳で中性微子(ちゅうせいびし)**です。

実際にニュートリノの存在が実験で確かめられたのは１９５３年のことです。その後、ニュートリノには3種類（タウ型、ミュー型、電子型）あることがわかりました。

また、ニュートリノにはどれも質量がないと想定されていましたが、ごくわずかの質量があることが１９９０年代になって「カミオカンデ」をグレードアップした「スーパーカミオカンデ」

図20　銀河の群れ

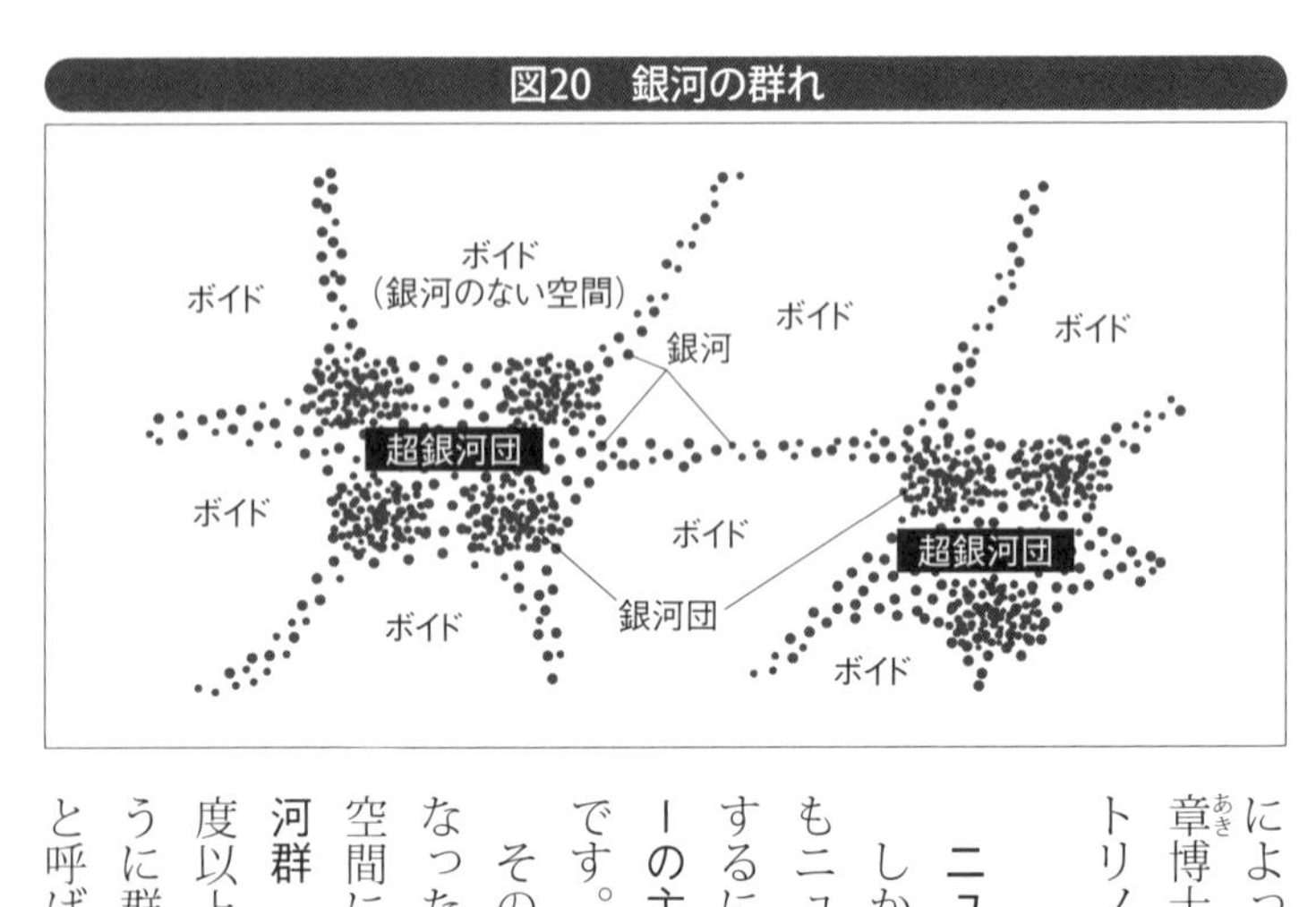

によって確認されました。これによって2015年、梶田隆章博士がノーベル物理学賞を受賞しました。こうしてニュートリノはダークマターの理想的な候補になるのです。

ニュートリノだけでは宇宙構造をつくれない

しかし、これで問題が解決したわけではありません。どうもニュートリノだけでは宇宙に存在するダークマターを説明するには足りないようなのです。**ニュートリノがダークマターの主成分とすると、ある観測結果をうまく説明できない**のです。

その観測とは1980年代から活発におこなわれるようになった銀河の空間分布の観測です。この観測の結果、銀河は空間にまんべんなく一様に分布しているわけではなく、「**銀河群**（100個程度以下の銀河集団）」「**銀河団**（100個程度以上の銀河集団）」「**超銀河団**（銀河団の集団）」というように群れをつくって存在し、銀河がほとんどない「**ボイド**」と呼ばれる広大な領域もあることがわかりました。

あとで説明しますが、このような構造をつくるためには、ダークマターは必要ですが、ニュートリノがダークマターの「主」成分ではいけないのです。

14 銀河や銀河団はどうやってできるか

「銀河の種」から銀河へと成長しにくい

ニュートリノがダークマターの主成分とすると、現在観測されている銀河の分布は説明できません。このことを理解するには、まず宇宙の歴史の中で銀河、銀河団、超銀河団という構造がどのようにしてできたのかという話からはじめなければなりません。

宇宙の存在はいまから約１３７億年前、超高温、超高密度の状態から爆発的にはじまりました。宇宙開闢（かいびゃく）のこの爆発を「ビッグバン」と呼んでいます。

現在観測されている最古の銀河は、約１３０億年も前のもの（＝１３０億年かかってその光が地球に届いた）です。このことは、ビッグバンから数億年で銀河が生まれたことを示唆（しさ）しています。

ところが銀河をつくることは、そう簡単なことではないのです。

図21　密度揺らぎの成長

物質の分布密度が周囲よりわずかに高い部分（密度揺らぎ）

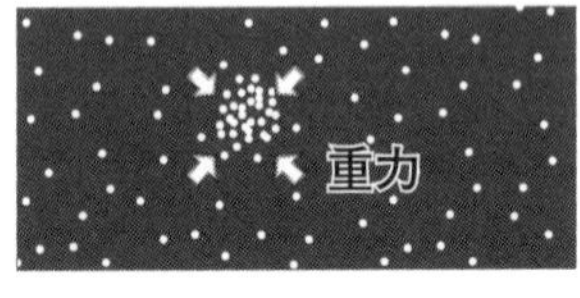

密度の高い部分は重力が強いので、周囲の物質を引き寄せる

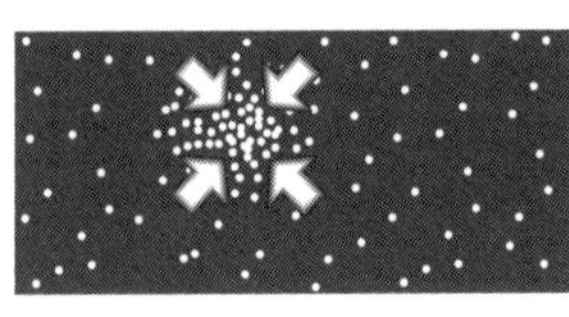

さらに密度が高まって、密度揺らぎがどんどん成長していく

宇宙の初期には物質はほとんど一様に分布していましたが、まわりより密度がごくわずかに高い部分や低い部分がありました。これを「密度揺らぎ」といいます。

この揺らぎのうち、まわりより密度が高い部分は自分自身の重さでだんだん収縮していき、より密度が高くなります。これを「密度揺らぎが成長する」といいます。

密度が十分高くなると、その中心部にいくつもの星ができて〝銀河の種（たね）〟ができ、それがいくつも集まって銀河や銀河団ができるのです。

しかし一方、宇宙は膨張（ぼうちょう）しているため、高密度の部分は収縮しようとしても引き伸ばされて、ゆっくりとしか成長できません。

ＣＭＢ光子が「密度揺らぎ」の成長を叩き潰す

　また、別の事情もあります。**宇宙には「宇宙マイクロ波背景放射（はいけいほうしゃ）」という波長2ミリメートル前後の電磁波が満ちています。**電磁波は光子（こうし）と呼ばれる素粒子の集まりと考えることもでき、この見方だと宇宙マイクロ波背景放射の光子は、宇宙のあらゆる場所を1立方センチメートルあたり約４２０個の密度で満たしています。

　今後、いちいち宇宙マイクロ波背景放射と書くのは面倒なので、英語のCosmic Microwave Background Radiation の略で「ＣＭＢ」と呼びましょう。

　このＣＭＢは星の光とはまったく関係がなく、どんな天体も存在していなかった宇宙の初めから存在していました。仮にすべての星が宇宙から消えたとしても、宇宙にはかすかながら光が残っています。聖書には「神は天地を創造した翌日、光をつくった」とありますが、現在の宇宙論では「宇宙はビッグバンで光とともにはじまった」のです。

　ＣＭＢは宇宙が膨張するにつれ、波長が伸びていきます。電磁波は波長が短いほどエネルギーが大きいので、宇宙の初めにＣＭＢの光子がもっていたエネルギーはとても大きいものでした。これを「ＣＭＢ光子の温度が高かった」ということもあります。

　このようなときには、物質は私たちが通常見ている原子や分子といった状態で存在することはできません。暴れ者のＣＭＢ光子の大集団がどんどん体当たりしてくるので、原子や分子といった構造は壊されてしまいます。

　そして、そのようなとき、密度揺らぎは成長することができません。成長しようとしても、暴れ者のCMB光子がハンマーで叩き潰すように成長を止めてしまうのです。

宇宙が晴れ上がり、光が走りはじめると……

このCMB光子は、宇宙の初期の情報を伝えてくれます。

ビッグバンから約38万年後、宇宙の温度が約3000度に下がるとCMB光子の勢いが弱くなって原子核（ほとんどが水素の原子核（＝陽子））とヘリウムの原子核（陽子2個＋中性子2個）と電子が結びつくことができ、原子が生まれます。これより以前の宇宙には、原子核と電子がCMB光子とつねに衝突をくり返して、どろどろの熱いスープのような状態でした。

原子ができると、CMB光子はまるで霧が晴れたかのように物質にじゃまされずまっすぐ進めるようになるので、宇宙で初めて原子ができたときを「宇宙が晴れ上がった」といいます。

そして、宇宙の晴れ上がりのときからまっすぐ走りつづけてきた光子は、1965年、偶然から初めて発見されました。衛星通信の研究をしていたアメリカのアルノ・ペンジアスとロバート・ウィルソンは、電波望遠鏡の雑音を調べる過程で、思いがけなく宇宙が晴れ上がったときに出てきた光（＝光子）を観測したのです。

密度の揺らぎが成長をはじめる

このCMB光子はすごい情報をもっています。CMB光子を観測すると、ビッグバンから38万

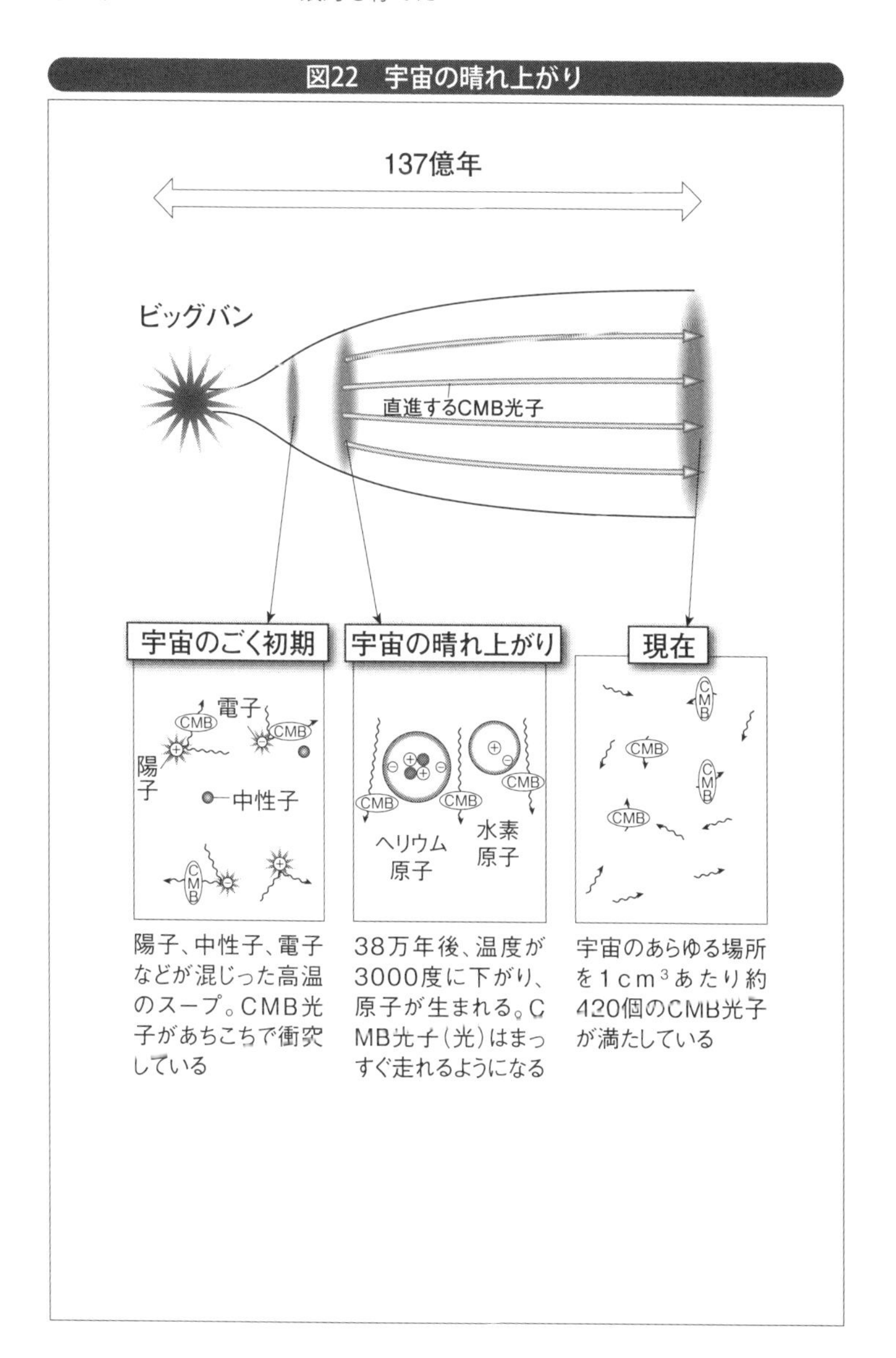
図22　宇宙の晴れ上がり
137億年
ビッグバン
直進するCMB光子
宇宙のごく初期
宇宙の晴れ上がり
現在
電子
CMB
陽子
中性子
ヘリウム原子
水素原子
陽子、中性子、電子などが混じった高温のスープ。CMB光子があちこちで衝突している
38万年後、温度が3000度に下がり、原子が生まれる。CMB光子（光）はまっすぐ走れるようになる
宇宙のあらゆる場所を1cm³あたり約420個のCMB光子が満たしている

年後の、のちに銀河をつくることになる物質密度の揺らぎ（物質がどのくらいでこぼこしていたか）がわかるのです。

宇宙の晴れ上がりのとき物質密度に揺らぎがあると、まわりより密度が高いところは圧縮されて温度が高くなり、そこでのＣＭＢ光子のエネルギー（温度）もまわりより少し高くなっています。

ただし、この温度差が直接観測されるわけではありません。密度が高いところはまわりよりも重力が強いことを考慮する必要があります。ＣＭＢ光子が私たちに届くには、この強い重力に逆らって出てこなければなりません。その結果、光子はエネルギーを失い、まわりより逆に温度が低くなってしまうのです。

こうして現在、ＣＭＢの温度が低く（あるいは高く）見える領域ほど、宇宙の晴れ上がりの時点では密度が高い（あるいは低い）ということになります。

ちょっとこんがらがってしまいましたが、いずれにせよ**ＣＭＢ光子の温度は場所によって違います**。これをＣＭＢの「温度揺らぎ」といい、それを観測することで物質密度の揺らぎがわかる、つまり**「温度揺らぎ」＝「密度揺らぎ」なのです**。

ＣＭＢの温度揺らぎは１９９２年に観測され、その結果、ビッグバンから38万年後の晴れ上がり時に10万分の１程度の物質密度の揺らぎがあることがわかりました。これは、平均密度より10万分の１だけ高い高密度のところがあるという意味です。

たとえば平均密度が1立方センチメートルあたり10万グラムとすれば、高密度部分は1立方センチメートルあたり10万1グラムということです。

ちょっとわかりにくいので、地球の例を出してみましょう。地球は半径約６４００キロメートルの球です（正確には赤道半径のほうが極方向の半径よりも21キロメートルほど長いのですが、いまはその違いを無視）。すると10万分の1の凸凹とは、約64メートルの高低にすぎません。

晴れ上がり時点での物質の揺らぎが、いかにわずかなものかがわかるでしょう。しかし、この揺らぎが、宇宙が現在の宇宙の姿になるために大変重要な役割を果たします。

この小さな密度揺らぎが、晴れ上がり後に成長をはじめて銀河をつくるからです。ただし、そう単純ではありません。先に述べたように、宇宙膨張にじゃまされて、現在までに銀河ができるほどには成長しないのです。

15 ダークマターがなければ銀河はできない理由

ダークマターにも密度揺らぎがあったら……

宇宙の晴れ上がりから現在まで１３７億年もあるので、物質密度の揺らぎの成長がどんなにゆつくりでも銀河くらいできるだろう、と思うかもしれませんが、そうではありません。密度揺らぎの成長は「宇宙が10倍膨張すれば、揺らぎの大きさも10倍」になり、「宇宙が１００倍膨張すれば、揺らぎの大きさも１００倍」になるだけなのです。**宇宙の晴れ上がりから現在まで、宇宙は約１１００倍膨張しているにすぎません。**この間、密度揺らぎは１１００倍しか成長できません。したがって、10万分の1の密度揺らぎが１１００倍に成長したところで、現在の密度揺らぎはたったの１００分の1程度にすぎません。**現在の銀河の中の平均密度は宇宙全体の平均密度の10万倍以上です**から、これではとてもとても銀河はできません。

でも、現実の宇宙には銀河がたくさん存在するので、この話には何か見落としがあるはずです。その見落としがダークマターです。

いままでは星や星間ガスなどをつくっている「普通の物質の密度揺らぎ」だけを考えてきました。ここで、それ以外に宇宙にはダークマターというものがあって、ダークマターにも密度揺らぎがあるとしましょう。

ダークマターは電磁波にはまったく影響されませんでしたね。だから、**宇宙の晴れ上がり以前にいくら暴れ者のＣＭＢ光子がウヨウヨしていても、ダークマターの密度揺らぎは成長することができるのです。**

また、ＣＭＢ光子もダークマターには影響されないので、ダークマターに大きな密度揺らぎがあっても、それがCMBの温度揺らぎに直接結びつくことはありません。現在観測されるCMBの温度揺らぎが小さいことと、宇宙の晴れ上がりの時点でダークマターの大きな密度揺らぎがあることは矛盾（むじゅん）しないのです。

そこで次のようなシナリオが考えられます。

まず、宇宙の晴れ上がりの前にダークマターの大きな揺らぎがあって、ところどころにダークマターのかたまりができています。宇宙が晴れ上がったと同時に**普通の物質がダークマターのかたまりの重力に引きつけられ**、その中心部に集まります。そこが**「銀河の種」**つまり、**銀河誕生の場所になる**のです。ダークマターがなければ、銀河も生まれないのです。

宇宙構造をつくる2つのシナリオ

さて、現在の宇宙には、銀河、銀河群、銀河団、そして超銀河団というようにいろいろなスケールの構造があります。それらはどのようにしてつくられたのでしょう。

まず銀河ができ、その銀河が集まって銀河群ができ、銀河群が集まって銀河団、銀河団が集まって超銀河団というように**小さなスケールの天体から大きなスケールの天体ができるのか**。あるいは超銀河団が最初にできて、それが分裂（ぶんれつ）して銀河団、そして銀河群、銀河というように**大きなスケールから小さなスケールの構造ができるのか**、そのどちらなのでしょう。

前者のシナリオ（銀河→銀河群→銀河団→超銀河団）を「ボトムアップ・シナリオ」、後者のシナリオ（超銀河団↓銀河団↓銀河群↓銀河）を「トップダウン・シナリオ」といいます。ボトムアップかトップダウンかは、ダークマターの性質によって決まります。

ホットダークマターとコールドダークマター

ダークマターには、じつは「ホットダークマター」と「コールドダークマター」の2種類があります。

ホットダークマターはその速度が光の速度と同程度と非常に速く、小さなスケールの（ダークマターの）かたまりをつくろうと思っても、ダークマター自体がその領域から逃げ出してしまい、かたまりはすぐに消えてしまいます。

つまり、**ホットダークマターの場合**、大きなスケールのかたまりしかできません。したがって、**まず大きなスケールの天体が最初にできるトップダウン・シナリオ**になります。

一方、**コールドダークマターは逆で**、速度が遅いので小さなかたまりがたくさんできても、そこから逃げ出してしまうことはありません。そして、その小さなかたまりの中で**まず小さな天体が生まれ、それが集まってだんだん大きな天体ができていくボトムアップ・シナリオ**になります。「銀河↓銀河群↓銀河団↓超銀河団」となるボトムアップ・シナリオでは、銀河が最初にできるので、現在の宇宙では古い銀河が観測されるはずです。また超銀河団がいちばん新しい天体なので、形成途中の超銀河団が観測されるはずです。

図23　宇宙の構造形成

ホットダークマター説

〈トップダウン・シナリオ〉

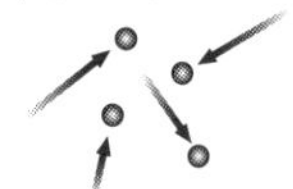

高速で飛び回る（＝高温）粒子

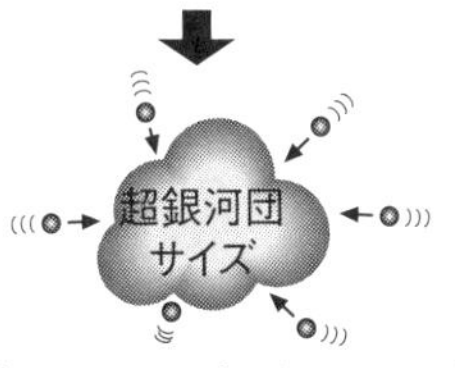

ダークマターの大きなかたまりに引きつけられて巨大な天体ができる

分裂して銀河団ができる

さらに分裂してようやく銀河ができる

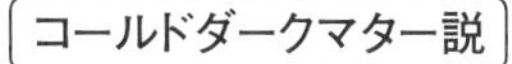

〈ボトムアップ・シナリオ〉

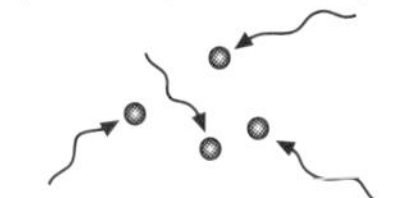

それほど激しく運動しない（＝低温）粒子

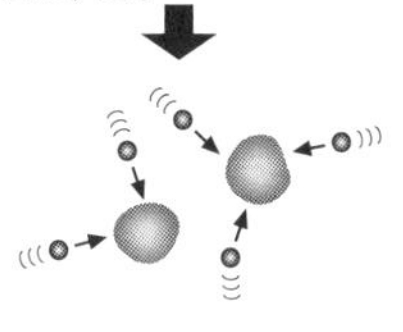

ダークマターの小さなかたまりに引きつけられて小さな天体ができる

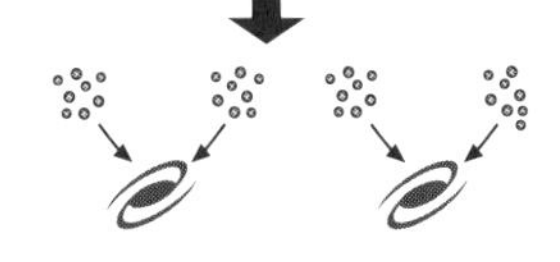

小さな天体が集まって銀河ができる

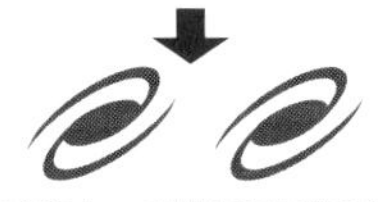

銀河が集まって銀河団ができ、さらに超銀河団へ

銀河の誕生までに時間がかかるホットダークマター説は難点あり

さて実際は――。

銀河分布の観測結果は、130億年も昔の銀河が観測されるなど、**まさにボトムアップ・シナリオを支持しているのです。**

ここでニュートリノに話を戻しましょう。**ニュートリノは、**質量が小さく速い速度で運動するので、**ホットダークマターに分類されるのです。**もしニュートリノがダークマターの主成分だったとしたら、宇宙の構造はトップダウン・シナリオのように進んでいたでしょう。

こうして宇宙の構造を説明するには、ダークマター、それもニュートリノではないコールドダークマターがその大半を占めていなければならないという結論になるのです。

16 コールドダークマターはどんな素粒子？

「対称性」という言葉の使い方

宇宙の構造を説明するには「コールドダークマター」の存在が必要です。ではそのコールドダークマターの正体は何でしょう。ニュートリノではないとすれば、ＷＩＭＰｓでしょうか。

申し訳ないことに、それも現在わかっていませんが、その有力な候補は「超対称性理論（ちょうたいしょうせいりろん）」に出てくる素粒子です。また新しい言葉が出てきましたね。

「対称性」というのは物理学用語です。たとえば1枚の紙の右と左にまったく同じ模様があるとき、それを「右と左の対称性がある」といいます。あるいは、真ん丸の球を考えるとき、その球が中心を軸に回転しても元の形と区別がつきません。これを「球は回転対称性がある」といいます。

このように目に見えるような形の対称性以外にも、対称性があります。たとえば１０００人の人がいて、その中に右利きの人が５００人、左利きの人が５００人いたとします。これも「右と左の対称性がある」状態です。

ふつうは適当に１０００人を選ぶと、たぶん右利きの人のほうが圧倒的に多くなるでしょう。しかし、**正確に右利きと左利きが半数ずついるということは、偶然ではなくそういう意図をもってだれかが１０００人を選んだということです。**

では、自然界で似たようなことが起こったらどうでしょう。

素粒子は「ボソン」と「フェルミオン」に分かれる

たとえば**素粒子は「スピン」と呼ばれる性質をもっています。**この性質を身近な例でたとえるのは不可能ですが、**強（し）いていえば回転**です。

小さな粒子がくるくる回っているのをイメージしてください。回転軸は粒子の進行方向です。進行方向に対して右回りに回転している素粒子を「右巻き素粒子」、左回りに回転している素粒子を「左巻き素粒子」といいます。

考えにくければ「ねじ」をイメージしてください。ふつう、「ねじ」は右回りに回すと進むようになっています。これが右巻きということです。

同種の素粒子で右巻きのものと左巻きのものが必ず同数存在する場合、「右と左の対称性がある」、あるいは「空間反転の対称性がある」といいます。

そして超対称性ですが、これは素粒子の理論で現れると予想されている対称性です。

素粒子にはいろいろな分類の仕方がありますが、**「ボソン」と「フェルミオン」という分類があります。**ボソンはインド人の物理学者サティエンドラ・ボース、フェルミオンはイタリアの物理学者エンリコ・フェルミの名前からきています。

素粒子はスピンという性質をもっていますが、そのスピンは0、1/2、1、3/2、2という整数の値か半整数（1/2の奇数倍として表される数）の値をとります。スピンの値が大きいほど速く回転していると思ってください。

なぜスピンの値が整数と半整数しかないかというのは、残念ながら簡単には説明できません。「量子力学（陽子や中性子、電子などを量子といい、そのふるまいを支配する法則）」というミクロの世界の法則ではそうなっているのです。そして、**整数の値のスピンをもった素粒子をボソン、**

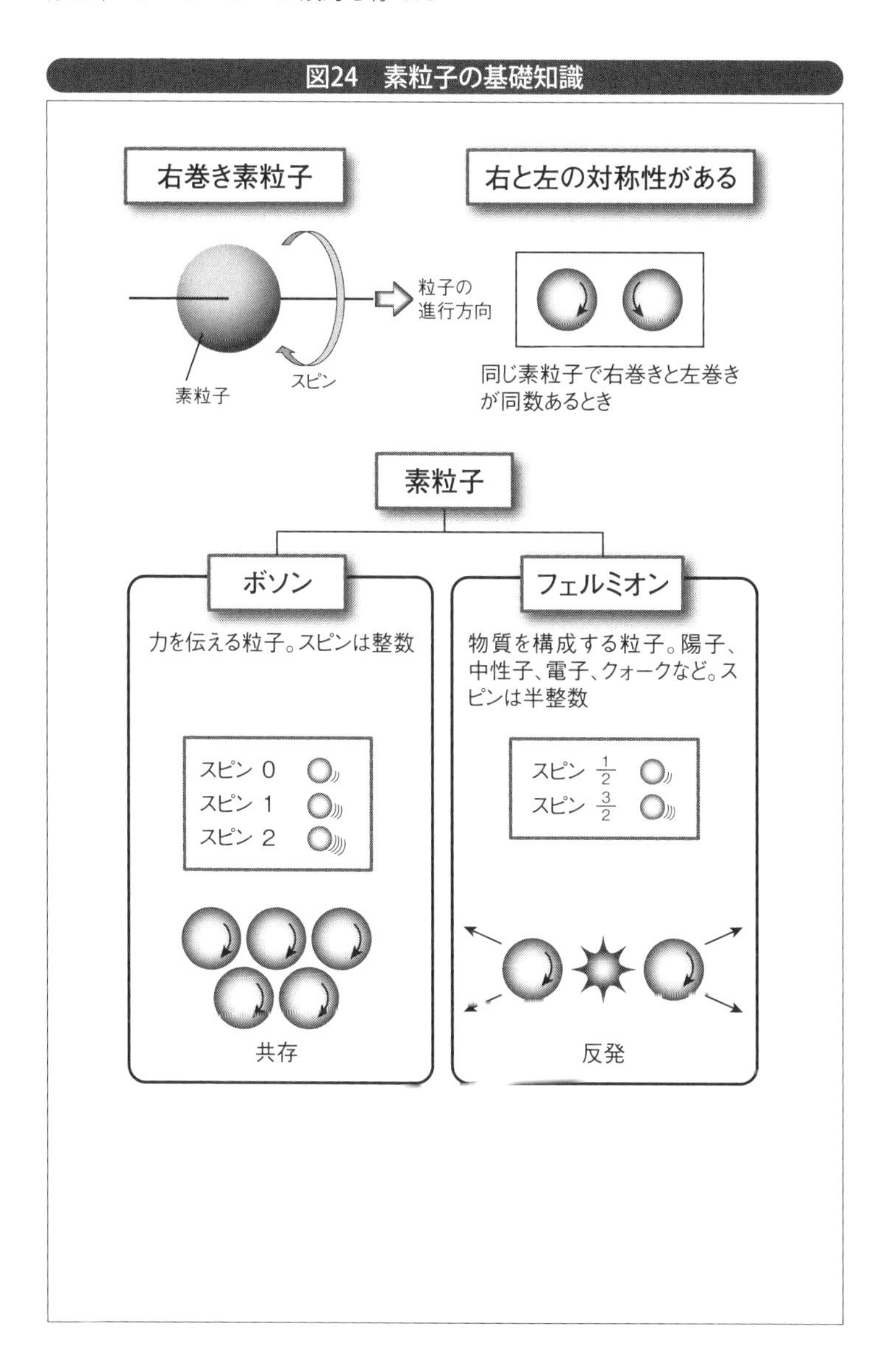
図24　素粒子の基礎知識
右巻き素粒子
右と左の対称性がある
粒子の
進行方向
素粒子
スピン
同じ素粒子で右巻きと左巻き
が同数あるとき
素粒子
ボソン
フェルミオン
力を伝える粒子。スピンは整数
物質を構成する粒子。陽子、
中性子、電子、クォークなど。ス
ピンは半整数
スピン 0
スピン 1
スピン 2
スピン $\frac{1}{2}$
スピン $\frac{3}{2}$
共存
反発

半整数の値をもった素粒子をフェルミオンと呼ぶのです。

ボソンは力を伝え、フェルミオンは物質をつくる

ボソンとフェルミオンでは性質がまったく違います。私たちの体や物質をつくっているのは陽子、中性子、電子ですが、これらはフェルミオンです。陽子、中性子は3種類のクォークからできていますが（第2章❻図10参照）、クォークもフェルミオンです。

そして、「同じスピンの向きをもった2個以上の同種のフェルミオンは、同じ場所を占めることができない」という性質があります。この結果、スピンの向きが同じ2つの同種のフェルミオンを同じ状態に詰め込もうとすると、お互いに激しく反発しあいます。

一方、ボソンはそんなことはありません。いくつもの同種のボソンが同じ状態に存在することができます。

ボソンは力を伝える素粒子です。**素粒子のあいだに働く力は、フェルミオン同士のあいだにボソンがやりとりされることで起こります。**フェルミオンのもっている性質によってやりとりされるボソンの種類が異なり、それが力の違いとなって現れます。

なぜ超対称性理論を考えるのかということを理解するためにも、素粒子のあいだに働く力のことをもう少しくわしく説明しましょう。

17 超対称性理論が示すコールドダークマター

フェルミオン間でボソンをやりとり

自然界には「重力」「電磁気力」「強い力」「弱い力」という4種類の力しか存在しません。おさらいしますと、重力とは「ニュートンの万有引力のこと、すべての粒子に働く力」、電磁気力は「電子や原子核など電荷をもった粒子に働く力」、強い力は「陽子や中性子の中でクォーク同士を結びつけている力」、弱い力は「中性子を陽子に変えるなど素粒子の種類を変えてしまう力」です（第2章10図16参照）。

これら4つの力は、いずれもフェルミオン同士のあいだにボソンがやりとりされて起こります。フェルミオンのもっている性質によってやりとりされるボソンが異なり、それが力の違いとなって現れます。

たとえば、**物質を構成するフェルミオン間の重力は、それらのあいだに「重力子」と呼ばれるボソンがやりとりされて生じます。**私たちの体と地球をつくっているのは、どちらも莫大な数のフェルミオンですが、それらのあいだにこれまた莫大な数の重力子（ボソン）がやりとりされて重力が生じるため、私たちは地球に引っぱられるのです。

図25　素粒子がつくる4つの力

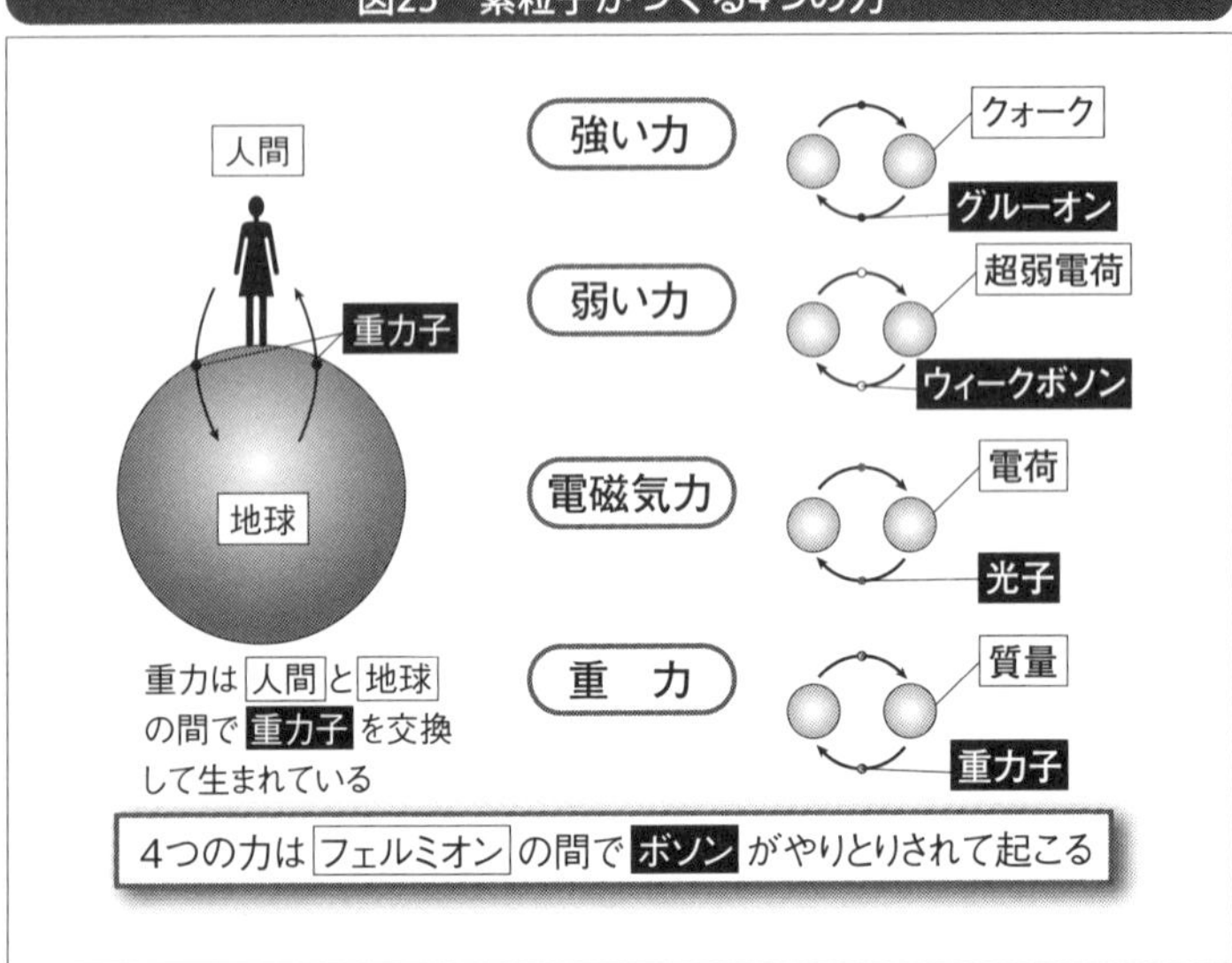

「力の統一」は宇宙を解くカギ

アインシュタインは晩年、重力と電磁気力を統一しようと努力しましたが、成功しませんでした。「力の統一」というのは、「一見別々に見える力を1つの力の別の現れ方だと考える」ということです。なぜ力を統一しなければならないのでしょう。その答えは歴史を見ればわかります。

19世紀初めまで、静電気のような電気力と磁石（じしゃく）の力は別物と考えられていました。ところが19世紀中頃、スコットランドの物理学者**マクスウェルは「電気力と磁力は、電磁気力という1つの力の別の現れ方だ」ということを発見した**のです。

電気が変化すると磁気ができ、磁気ができるとそれによって電気ができる、ということがくり返されて電気と磁気の波ができます。

これが電磁波で、マクスウェルが１８６４年、その存在を予言し、１８８８年、ドイツの物理学者ハインリヒ・ヘルツによって実際に発見されました。電話やテレビ、通信など現在の私たちの生活に電磁波はなくてはならないものになっています。さらに、マクスウェルの理論はアインシュタインの相対性理論の呼び水にもなったのです。

このように一見別物に見える現象を１つの現象の別の現れ方とする見方は、新たな予言をし、そしてより基本的な理論をもたらします。そして、**力の統一理論はアインシュタイン以来、物理学者の夢**なのです。

１９７０年代には、電磁気力と弱い力が「電弱力」として統一されました。その後、電弱力と強い力を統一する理論がいろいろと提案されました。残るは重力です。

図26　力の統一

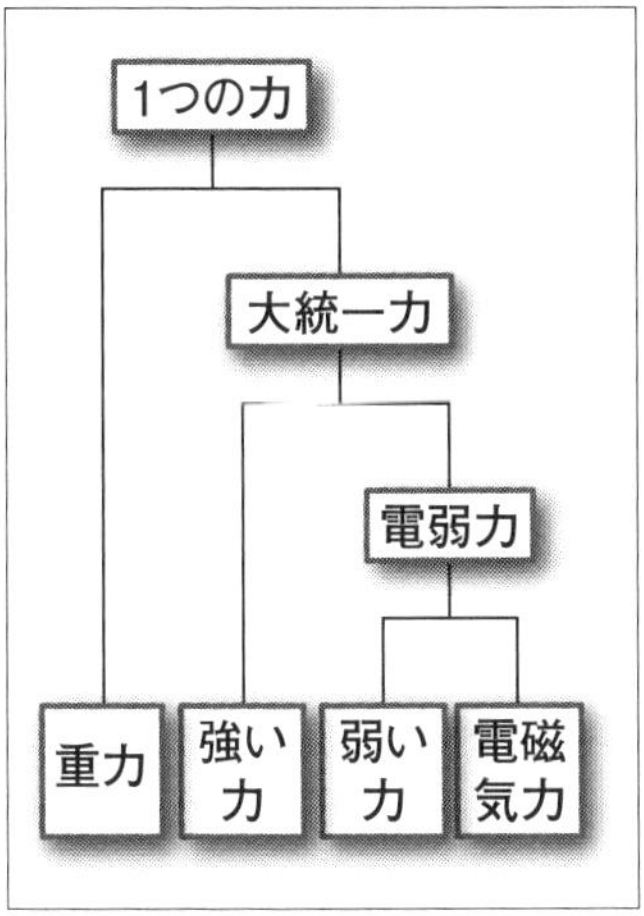

1つの力
大統一力
電弱力
重力
強い力
弱い力
電磁気力

電弱力、強い力、重力をたった１つの力に統一することができれば、「宇宙のありとあらゆる現象や、宇宙そのものがどうやってできたかという疑問にも答えることができる」のです！

超対称性パートナーは見つかっていない

ところが、これが難問中の難問です。これまで多くの研究者が挑戦してきましたが、いまだにだれも

図27　超対称性理論

ボソン	フェルミオン
力を伝える粒子 スピンは整数	物質をつくる粒子 スピンは半整数（$\frac{1}{2}$など）
 スクォーク	クォーク
ゲージボソン	 ゲージーノ
 スエレクトロン	電子（エレクトロン）

超対称性のパートナー粒子がいるはずだが未発見

成功していません。

この挑戦の過程でいろいろなアイデアが出てきましたが、その中で最も有望なもののひとつが**「超対称性」**です。

この対称性は、フェルミオンとボソンのあいだの対称性のことで、**「観測されているどの種類のフェルミオン（あるいはボソン）にも必ず（まだ観測されていない）ボソン（あるいはフェルミオン）が対応する」**とするのです。

たとえば、フェルミオンである「クォーク」には未発見の「スクォーク」が対応します。また、力をやりとりするボソンを「ゲージボソン」といいますが、これに対応するフェルミオンは未発見の「ゲージーノ」といいます。

対応するフェルミオンとボソンの質量は、まったく同じでなければなりません。たとえばフェルミオンである「電子（エレクトロン）」に対応するボソンがあるはずですが、電子と同じ質量をもったボソン（スエレクトロン）は発見されていません。電子、中性子、クォークなど、**これまで知られている素粒子に対応する超対称性パートナーは、**先に述べた「スクォーク」「ゲージーノ」をはじめ、**1つとして発見されていないのです。**

これが超対称性の難点のひとつです。

未発見の超対称性粒子なのか？

現在考えられている逃げ道は、なんらかのメカニズムがあって、パートナーである超対称性素粒子の質量がとてつもなく重たくなっているのではないかということです。

素粒子を発見するには加速器というものを使います。これは陽子や電子などの電荷をもった粒子（荷電粒子）を磁石を使って高速で運動させて標的にぶつけ、その結果出てくるいろいろな素粒子をくわしく調べて、新しい素粒子かどうかを決めるのです。

素粒子の質量が重たくなればなるほど、それをつくり出すには大きなエネルギーで荷電粒子を標的にぶつけなければなりません。**現在の加速器では、超対称性パートナーをつくり出すにはエネルギーが足りないのでしょう。**

とにかく、超対称性理論にはいままで観測されていない素粒子が〝理論上〟ザクザクと出てきます。そしてたとえば光子の超対称性パートナーである「ホティーノ」などそのいくつかは、**都合のいいことにコールドダークマターの性質にピタリと当てはまるのです。**

第４章　宇宙を支配する正体不明の「暗黒（ダーク）エネルギー」

18 相対性理論が導き出した「潰れる宇宙」

「絶対空間」「絶対時間」は正しいか

1916年に「一般相対性理論」というニュートンの重力理論にとって代わる新しい重力理論をつくりあげたアインシュタインは、すぐにこの理論を宇宙全体に当てはめるという大胆な試みをはじめました。

アインシュタインならずとも、宇宙はいったいどうなっているのだろうという疑問はだれもがもつでしょう。それが自分のつくった理論で解明できると思って、アインシュタインは奮い立ったことでしょう。そして、現代宇宙論最大のテーマである「ダークエネルギー(暗黒エネルギー)」を〝発見〟することになるのです。

宇宙を考えるとき、アインシュタインに影響を与えた人がいます。オーストリアの哲学者エルンスト・マッハです。音速の2倍ならマッハ2というように、ジェット機の速さをマッハで表しますが、このマッハは、アインシュタインに影響を与えたマッハの名前からきています。マッハは音の速さについても研究したのです。

マッハは物理学について独自の考えをもっていて、それまで当然と受け取られていた空間とか時間についての考えを鋭く批判しました。

みなさん、時間とか空間はいったい何だろうと考えたことはありますか。ある哲学者は「時間とは考える前はよく知っているが、考えはじめるとわからなくなる」といいましたが、そのとおりですね。

時間と空間は、人間の考えをはるかに超えた存在です。時間や空間が存在しない状態などとても考えられません。では、マッハは何をどのように批判したのでしょう。それはアインシュタイン以前に金科玉条（きんかぎょくじょう）と考えられていたニュートンの考えです。

ニュートンの考えでは、物質の存在や運動は、時間や空間に影響を与えることはありません。時間の流れも何ものにも影響されず、どの場所でも同じように無限の過去から無限の未来まで一定に進みます。このような考えを**「絶対時間」**といいます。空間も無限に広がっていて、何ものにも関係なく存在します。このような考えを**「絶対空間」**といいます。マッハはこの絶対時間、絶対空間という考えを批判したのです。

マッハは考えました。

「宇宙の中に何も存在しなければ、時間が流れているとどうしてわかるのだろう」

「宇宙に何もなければ、空間の広がりをどのように認識するのだろう」

「時間の進みや空間の性質は、その中に存在している物質とまったく無関係なのだろうか」

――マッハにはっきりとした答えがあったわけではありません。こういう疑問に答えることなく、無批判に絶対時間、絶対空間の考えを受け入れることを批判したのです。

時間も空間も運動する！

大学時代のアインシュタインは、授業もそこそこにマッハの著作を読みふけり、マッハの考えに心酔しました。後年、「特殊相対性理論」をつくったとき、「もし自分がつくらなかったら、マッハがつくっていただろう」とまでいっています。一般相対性理論をつくったときも、マッハの考えが意識的あるいは無意識に頭に入っていたでしょう。

前述のとおり、相対性理論は、まず「特殊」ができ、そのあとで「一般」ができました。特殊相対性理論とは、万人に共通の絶対時間、絶対空間を否定し、**運動状態が違う観測者はそれぞれ特有の時間と空間をもっている**というものです。たとえば光速度の60パーセントで運動している人の時間は、静止している人に比べて25パーセントもゆっくり進みます。

ただし、各人各人がでたらめに時間、空間を決めるのではなく、だれが測っても光の速度は同じであるという条件で決めるというものです。

そのあとにでき上がった一般相対性理論は、マッハの予想どおり、**物体の存在や運動が時間、空間に影響を与える**ようになっています。たとえば、大質量の天体のまわりでは空間が曲がり、時間の進みが遅れます。また天体が運動すると、そのまわりの空間が振動し、その振動が遠くに伝わっていきます。

時間と空間を一緒にして「時空」といいますが、**「時空自身も運動する」**のです。

宇宙はやがて潰れてしまう？

この革命的な理論を宇宙全体に適用すると、どうなるでしょう。

宇宙には星や銀河がたくさんあります。アインシュタインが宇宙を考えた頃、銀河はわれわれの天の川銀河の外にある天体か、それとも天の川銀河の中の天体かよくわかっていませんでした。そこでアインシュタインは、星や銀河などの天体がどのように分布しているかというくわしいことはいったん脇に置いて、物質が宇宙にべったりと一定の密度で詰まっていると考えました。

物体はお互いの重力で引き合っていますから、だんだんお互いの距離を縮めようとします。**一般相対性理論では空間は物質の運動に引きずられますから、空間も縮んでいきます。そして「宇宙も縮んでいく」でしょう。これがアインシュタインの得た結論です。**

こんな馬鹿なはずはない、とアインシュタインは思ったのでしょう。物質が空間に影響を与えるというマッハの考えを実現したものの、宇宙が潰れてしまっては困ります。

そこで、アインシュタインが考えついたのが**「宇宙定数」**です。

19 「宇宙定数」を加えたアインシュタインの大失敗

「宇宙定数」——宇宙を潰す重力と釣り合う反発力

宇宙が潰れないようにするため、アインシュタインは禁断の手を使いました。自分のつくった一般相対性理論の方程式に、余分な要素をつけ加えて修正したのです。

アインシュタインは小学生のときユークリッド幾何学の本を読みふけったそうです。後年、そのときのことを「少数の公理からさまざまな定理が証明されることに感動した」と書いています。公理とは、数学で、証明なしに認められた最も基本的な仮定のことです（「2点を通る直線は1つあり、しかもただ1つに限る」など）。また定理とは、公理を前提として論理的に導き出される結果を述べたものです（ピタゴラスの定理など）。

アインシュタインにとってユークリッド幾何学は、物理学の手本なのです。物理学も数学と同様に、できるだけ少ない数の仮定からさまざまなことが導かれるべきだと考えました。そのためには、自然法則を表す方程式は、実験でしか決めることができない定数（パラメータと呼ばれる。光速度など）をできるだけ含まないようにしなければなりません。

一般相対性理論の方程式を「アインシュタイン方程式」（第1章**1**図2参照）といいますが、

アインシュタイン方程式は重力の強さを決めるニュートンの重力定数と光速度の2つしか、そのようなパラメータを含んでいません。

しかし、**アインシュタインは宇宙を救うために、アインシュタイン方程式の中にもう1つ余分な項をつけ加えた**のです。

$$R_{\mu\nu} - \frac{1}{2} g_{\mu\nu} R + \underset{\text{宇宙定数}}{\underline{\Lambda}} g_{\mu\nu} = \frac{8\pi G}{c^4} T_{\mu\nu}$$

この式の中の「Λ（ラムダ）」を「宇宙定数」と呼び、星々を引き合わせ、空間を縮ませていく重力と釣り合う「反発力（エネルギー）」を表します。

微妙なバランスの上に成り立つ「アインシュタイン宇宙」

宇宙定数を入れることによって、ようやく潰れない宇宙ができあがりました。重力を打ち消す反発力のおかげで、**「膨張（ぼうちょう）も収縮もせず（＝静的）、有限だが果てはない」**宇宙になったのです。

空間は有限か無限かとか、どのように変化するのかといったことを表す、いわば宇宙の模型を「宇宙モデル」といいます。アインシュタインのこの宇宙モデルは、現在「アインシュタイン宇宙」と呼ばれています。

アインシュタイン宇宙は「閉じた宇宙」です。閉じた宇宙というのは、ある方向にどんどん進んでいくと、いつのまにか元の場所に戻ってくる（空間は有限だが果てはない）ということです。

これを3次元の空間でイメージするのは難しいのですが、2次元の場合は簡単です。

球面を考えてください。球の表面は有限の広がりですが、端（果て）がありません。ある方向に進んでいくと、ぐるりと回ってもとの場所に戻ってきますね。それと同じです。宇宙の大きさは、その中にどれくらい物質が詰まっているか、あるいは物質の重力と釣り合う宇宙定数の値で決まります。

宇宙定数という余分なパラメータをつけ加えたことは大いに不満でしたが、それによって宇宙は有限となり、その大きさも決まったので、アインシュタインは大変満足しました。「宇宙に含まれる物質の量が、空間の大きさを決める」という意味で、マッハの考えが実現されたと思ったのです。ところが、このモデルの欠点がすぐに指摘されました。

アインシュタイン宇宙は重力と宇宙定数の微妙なバランスの上にでき上がった宇宙です。あまりにも微妙なバランスなので、バランスが少しでも狂って「重力が強くなると宇宙は潰れてしまい」、逆に「宇宙定数が強いと宇宙は爆発的に膨張してしまう」のです。

こうしてアインシュタインは宇宙モデルをつくることをあきらめてしまいました。

宇宙膨張の発見で崩れたモデル

アインシュタインが宇宙モデルをつくってからしばらくたった1929年、アメリカの天文学

図28　膨張する宇宙

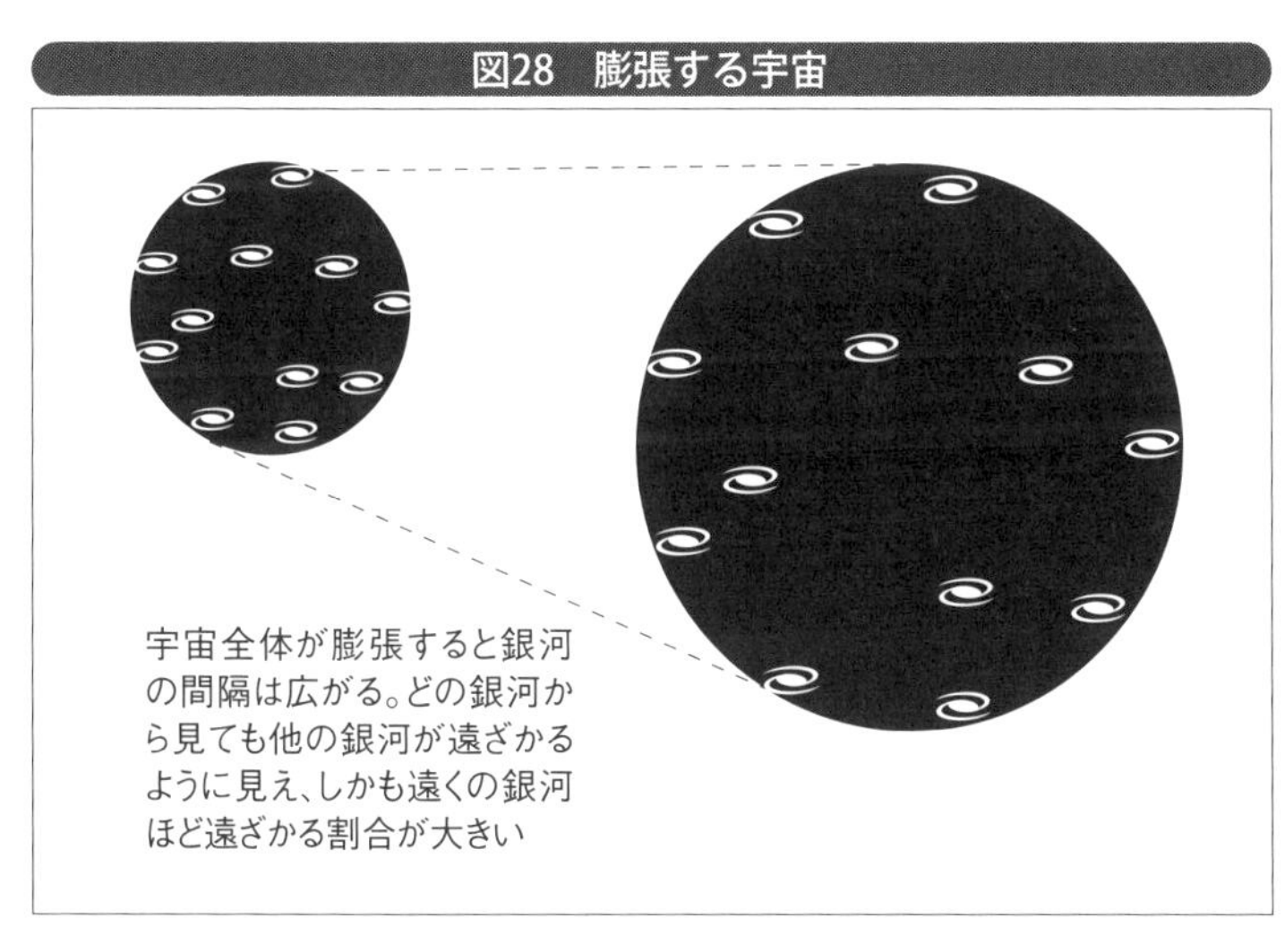

者ハッブルがそれまでの宇宙観をくつがえす大発見をしました。ハッブルは「遠くの銀河ほど速い速度で私たちから遠ざかっている」ことを見つけたのです。前述のようにベルギーの物理学者ルメートルもその少し前に同様のことを唱えていたので、今日、この観測事実は「ハッブル－ルメートルの法則」という名前で呼ばれるようになりました。

この法則の意味するところは何でしょう。単純に考えると、われわれの天の川銀河が宇宙の中心のように思えますが、そうではありません。

天文学者や物理学者は、天の川銀河がたまたま「宇宙の中心という特別の場所にいる」とは考えません。そうではなく、「空間自体が広がっている」と考えるのです。「銀河は広がっている空間にのっている」だけです。こうすると、**どの銀河から見ても、ほかの銀河が遠ざかっている**ように見えます。宇宙は膨張しているのです。（銀河団内の銀河間の距離は宇宙膨張の影響を受けないため、より正確にいうと「お互いの重力の影響が無視できるくらい十分距離の離れた2つの銀河は、お互いに遠ざかっている」）

この発見を聞いたアインシュタインは、宇宙定数を導入したことを悔やんで「人生最大の失敗」と嘆(なげ)いたそうです。しかし、この失敗は単なる失敗では終わりませんでした。それはアインシュタインが考え出した宇宙定数が一人歩きをはじめたのです。アインシュタインは「パンドラの箱」のふたを開けたのです。

20 真空は莫大なエネルギーをもつ──量子の世界

ミクロの世界の奇妙な法則「量子力学」

ギリシャ神話に出てくる「パンドラの箱」とは次のような話です。神プロメテウスは天界から火を盗み、人間に与えました。火を使うことを覚えた人間はおごり高ぶったため、それを怒った神々の王ゼウスは、地上に災(わざわ)いをもたらすためパンドラという女性をつくり、きれいな金の箱をもたせて地上に送りこんだのです。

パンドラは神々から美貌(びぼう)と才能の贈り物をもらい、とても魅力的な女性だったのでプロメテウスの弟エピメテウスは、兄の反対にもかかわらず彼女と結婚しました。幸せな暮らしをしていたパンドラですが、ゼウスからもらった箱が気になります。というのは「不思議なものが入っているから、けっしてその箱を開けてはならない」といわれていたからです。

好奇心に負けたパンドラは、ある日とうとうその箱を開けてしまいました。その箱には病気や犯罪などありとあらゆる災いが詰まっており、それらは世界中に飛び散っていきました。

アインシュタインが開けたパンドラの箱にも「宇宙定数」というとても不思議なものが入っていました。これは現代物理学の根幹にかかわる最大の災いだったのです。いったん逃げ出した災いがもう箱に戻ることがないのと同じように、宇宙定数もいったんその存在に気がつくと、必要ないからといって勝手にゼロにすることはできません。

ゼロにするには特別の理由が必要ですが、どこをどう考えてもその理由が見つかりません。ゼロどころか宇宙定数の原因を考えてみると、とんでもなく莫大な値になりそうなのです。

このことを説明するには、一見宇宙とかけ離れたミクロの世界の話をしなければなりません。ミクロもミクロ、原子の大きさ（1000万分の1ミリメートルくらい）よりも小さな世界の話です。そこでは電子や光（光子）などの粒子が日常とは異なったふるまいを見せます。

このような**ミクロの世界を支配する法則を「量子力学」**といいます。量子力学は私たちの日常経験ではほとんど理解不可能な代物ですが、だからこそ摩訶不思議で面白いのです。

電子はあらゆる場所に同時に存在する⁉

たとえば、ふたをした箱の中に電子を入れておくことを考えましょう。電子はつねに運動していますが、ふたを開けると箱のどこかに見つかります。では、ふたを開ける直前にはどこにいるでしょう。

ふたを開けて電子が見つかったとき、その速度を正確に測ることができたら、見つかる直前に電子がどこにいたかを予測することができるでしょう。**しかし量子力学では「粒子の『位置』と『速度』を同時に正確に測ることは、どんなことをしてもできない」**のです。これを「**不確定性（ふかくていせい）原理（げんり）**」といいます。

ふたを開ける前に電子が箱の中のどこにいるかは、まったく予測できません。と、この文章を読んだだけでは、たぶん、量子力学の不思議さは伝わらないでしょう。電子の居所がわからないのは単に情報がないだけで、電子は粒子として箱の中を飛び回っていると思うでしょう。

じつはそうではないのです。ふたを開ける前に、電子は「箱の中のあらゆる場所」に「同時に存在する」のです。いえることは「どこにどのくらいの確率で存在する」ということだけです。

これは情報がないから、その程度しかいえないということではありません。あらゆるミクロの存在というのは、そのような形態でしか存在しないのです。**「観測すると1ヵ所に現れる」**のですが、**「観測しなければ、許されるあらゆる場所に同時に存在している」**のです。

光も電子も波の性質をもつ

たとえば２つの穴のあいた衝立に電子を打ち込むと、「１個の電子が同時に２つの穴を通り抜けた」としか解釈できない現象が起こります。光を使ったこの種の実験は、１８０５年にイギリスのヤングという人がおこないました。

実験室を暗くし、黒いスクリーンの手前に２本の平行なスリット（切れ込み）をあけた衝立を用意しておいて、衝立に向かって光を当てます。するとスクリーンには光の当たった場所が縞模様として現れるのです。

この実験の結果は、「光が波である」ことの証明だと考えられています。１つのスリットから出た光の波と別のスリットから出た光の波が、強めあったり弱めあったりした（このことを物理学用語で「干渉」という）結果、縞模様ができるのです。この縞のことを「干渉縞」といいます。波は広がっているので、同時に２つのスリットを通り抜けて、それぞれのスリットから出てきた波同士が干渉したのです。

電子に対してもまったく同じ実験ができます。電子銃で電子をスリットとスリットの中間に向かって打ち込みます。すると中間に打ったはずの電子は、スリットを通り抜けて、スクリーンのどこかに当たります。当たった場所に印をつけておきましょう。

その様子を観察してみると、最初のうちはスクリーン上にでたらめに印がつくように見えますが、当たる電子の数が増えるにつれて、印が密集してつく場所とほとんどつかない場所が縞模様

図29　光は波の性質をもつ

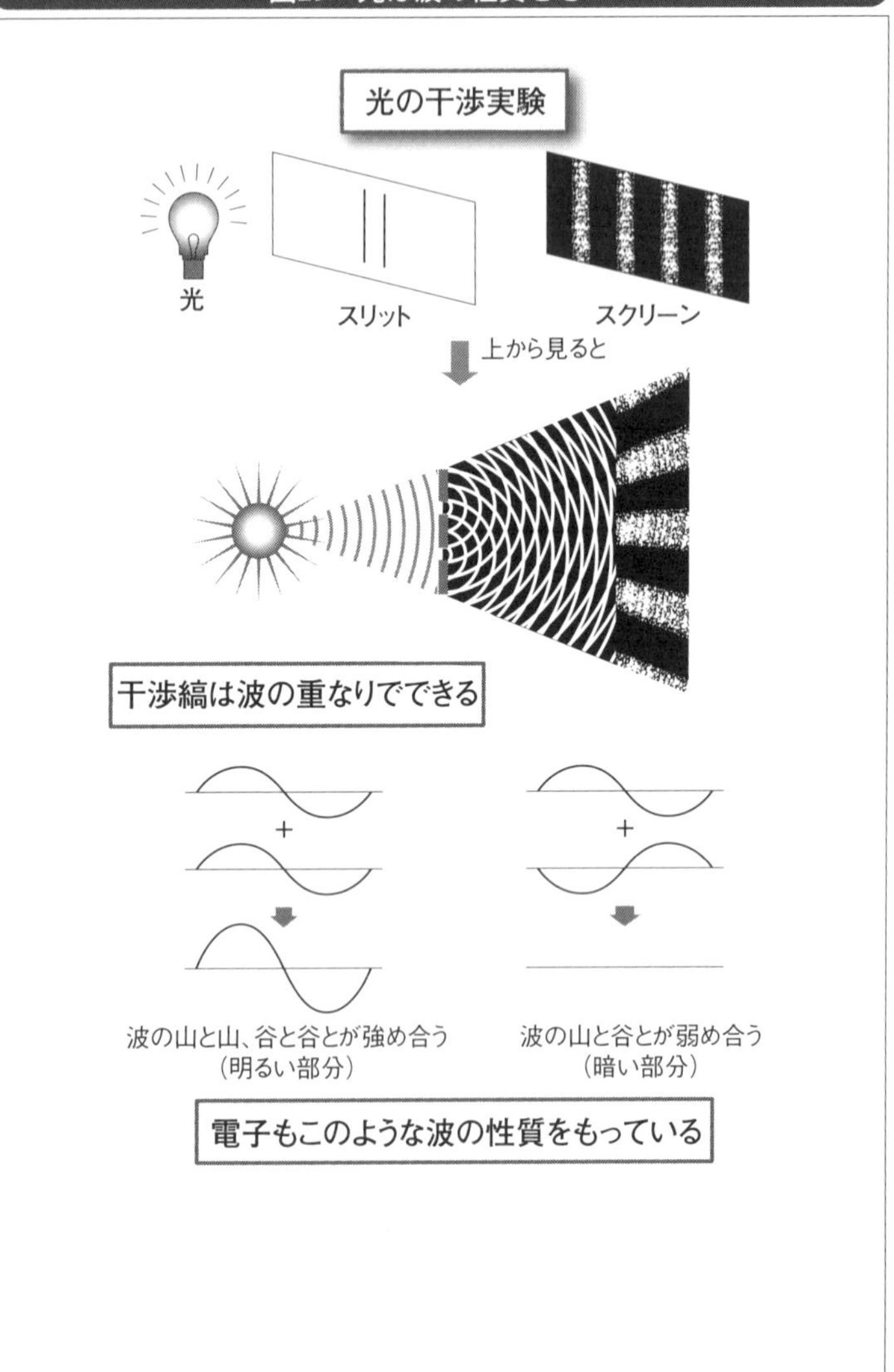

として浮かび上がってきます。

縞模様ができるということは、「電子も光と同じように波の性質をもっていて、2つのスリットを同時に通った」ということです。

では、スリットのすぐ後ろに何か観測装置を置いて、電子がどちらのスリットを通ったかを確認しながら同じ実験をしてみたらどうでしょう。その場合、スクリーン上には電子銃とスリットの延長にあたる2本の線上にしか印はつきません。縞模様は消えてしまうのです。

これは観測したため、こうなったのです。いいかえれば、**「電子を観測しなければ、電子は波として2つのスリットを同時に通る」**のです。

量子力学の不思議さが少しわかってもらえたでしょうか。

宇宙定数＝真空のエネルギーだった

さて、この量子力学と宇宙定数の関係です。先に述べたように量子力学の基本原理は不確定性原理（粒子の位置と速度を同時に正確に測ることはできない）ですが、この関係は粒子の位置と速度だけではなく、時間とエネルギーのあいだにも成り立ちます。

たとえばボールが床を転がっているとき、ボールは運動エネルギーをもっています。このエネルギーの値は、速度が一定なら一定です。

しかし電子や素粒子（そりゅうし）では、それ自身のもつエネルギーが少し大きくなったり小さくなったりして揺らいでいます。「観測する時間間隔が短ければ短いほど、エネルギーの揺らぎは大きくなる」のです。

この不確定性原理は、粒子が存在しない真空状態にも当てはまります。**真空とはエネルギーが最低の状態ですが、そのエネルギーはゼロではありません。**「真空からエネルギーが出たり入ったりしている」のです。出たり入ったりする時間間隔が短いほど、大きなエネルギーの出入りがあり、平均すると「真空はある量のエネルギーをもっている」のです。**このエネルギーこそ、宇宙定数の正体です。**

問題はその値です。計算してみると、**真空のエネルギーは、現在観測されている値より、なんと10の120乗倍も大きいのです。**

こんな桁違いの答案を書いたら、どんな試験も落ちてしまいますよね。現在の理論物理学は、こんな答案を出しているのです。この問題は現在、物理学が直面している最大の難問です。

21 ダークエネルギーなしでは説明がつかない観測矛盾

宇宙の年齢より古い星？

30歳の母親に40歳の子供がいるといったら、どう思いますか。そんな馬鹿なことはあるはずがありません。しかし1980年代、天文学者たちは同じようなことを真剣に悩んでいたのです。その当時、宇宙の年齢は約100億年程度と思われていました。ところがそれより古い天体があったのです。

銀河のまわりには、数十万から数百万の球形の星の集団が散らばっています。これを「球状星団」といい、われわれの天の川銀河のまわりには約150個見つかっています（第2章5図9参照）。

球状星団をつくっている星には、ナトリウムやカリウムといった金属がほとんど含まれていません。これらの金属は通常、星の中の核融合反応でつくられたり、星が超新星（第1章2図7参照）として爆発する際につくられたりします。

星は星間ガス（おもに水素からできている雲）の中でできますが、星間ガス中の金属量は、超新星が何回も何回も爆発することによってだんだん増えてきます。爆発を何度も経たあとにできた星ということなので、「金属を多く含む星ほど新しい星」と考えることができます。

こういうわけで、**球状星団はとても古い星の集団**なのです。球状星団の中でいちばん古いものの年齢を推定してみると、**130億年程度**となります。

ところが当時、宇宙年齢は約100億年と推定されていました。明らかに何かがおかしいのです。

重い星は短命、軽い星は長生き

まず、球状星団の年齢をどうやって見積もるのか、お話ししましょう。

球状星団の年齢というのは、その中でいちばん古い星の年齢のことです。そして**「星の年齢は星の質量で決まる」**とされています。

星はその寿命のほとんどを「主系列(しゅけいれつ)」と呼ばれる状態で過ごします。主系列とは、中心部で水素が核融合反応を起こしてヘリウムに変わっている星、いわば青・壮年期です。

主系列が終わると星は急激に大きくなり、それにつれて表面温度が下がり「赤色巨星(せきしょくきょせい)」となります。その後の進化は、星の質量によって「白色矮星(はくしょくわいせい)」「中性子星(ちゅうせいしせい)」あるいは「ブラックホール」へと分かれます。

大きな質量の星ほど、主系列にとどまる時間が短くなります。たとえば太陽程度の質量の星の寿命は約100億年ですが、太陽の10倍の質量の星は約2600万年、太陽の半分の質量の星では約1700億年です。

質量の大きな星ほど燃料の水素がたくさんあるのですが、中心部の温度が高いので核反応がより激しく起こるため、水素を早く使い果たしてしまうのです。

さて、球状星団の星はほぼ同じ時期に生まれたと考えられます。その中には質量の大きな星も小さな星もあるので、時間が経つにつれて質量の大きな星は主系列を離れ赤色巨星になります。したがって古い球状星団ほど、質量の小さな星まで主系列ではなくなっています。こうして「球

図30　星の一生

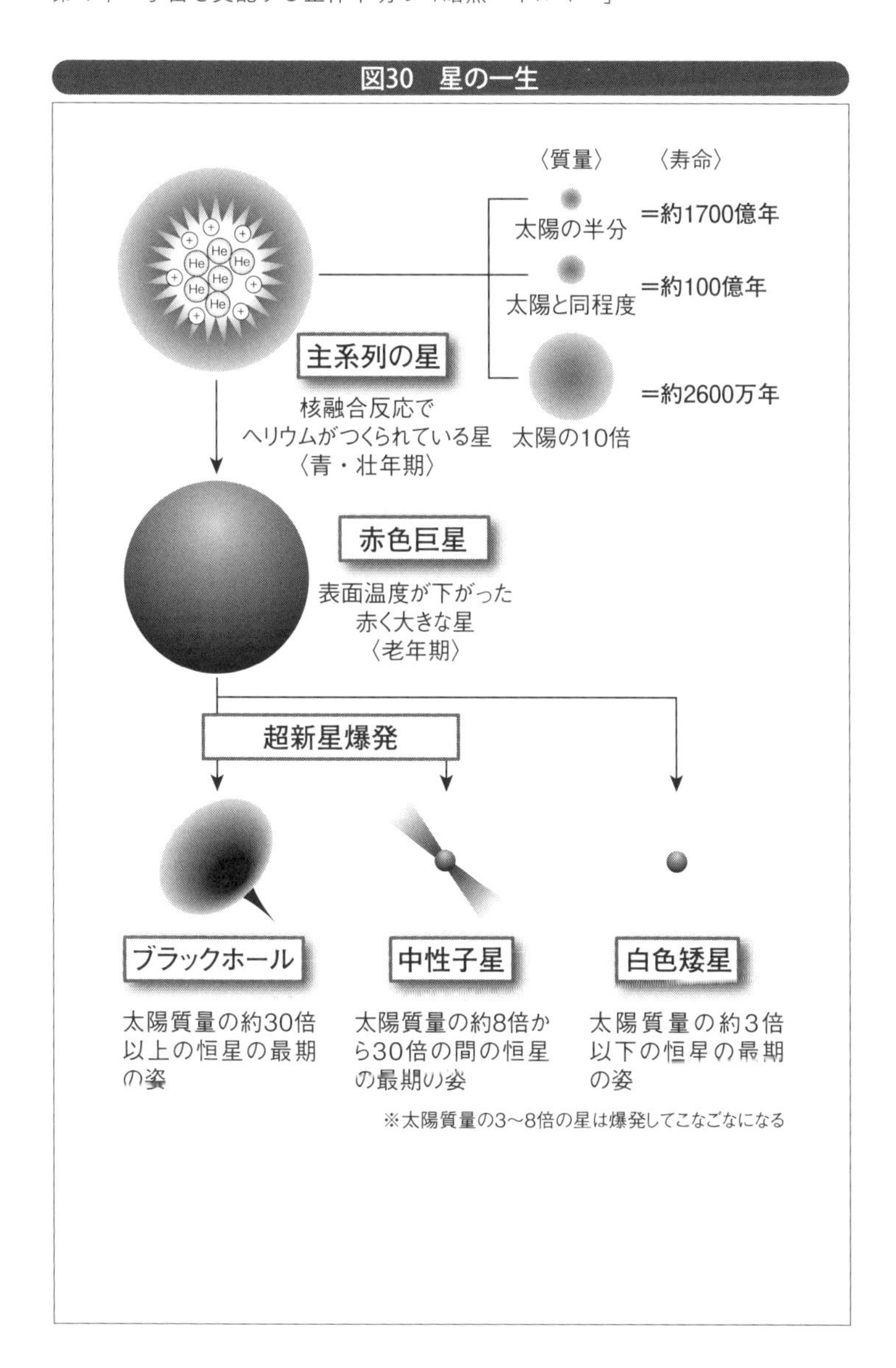
〈質量〉
〈寿命〉
He
太陽の半分
=約1700億年
太陽と同程度
=約100億年
主系列の星
=約2600万年
核融合反応で
ヘリウムがつくられている星
〈青・壮年期〉
太陽の10倍
赤色巨星
表面温度が下がった
赤く大きな星
〈老年期〉
超新星爆発
ブラックホール
中性子星
白色矮星
太陽質量の約30倍以上の恒星の最期の姿
太陽質量の約8倍から30倍の間の恒星の最期の姿
太陽質量の約3倍以下の恒星の最期の姿
※太陽質量の3〜8倍の星は爆発してこなごなになる

図31　星の本来の明るさと見かけの明るさ

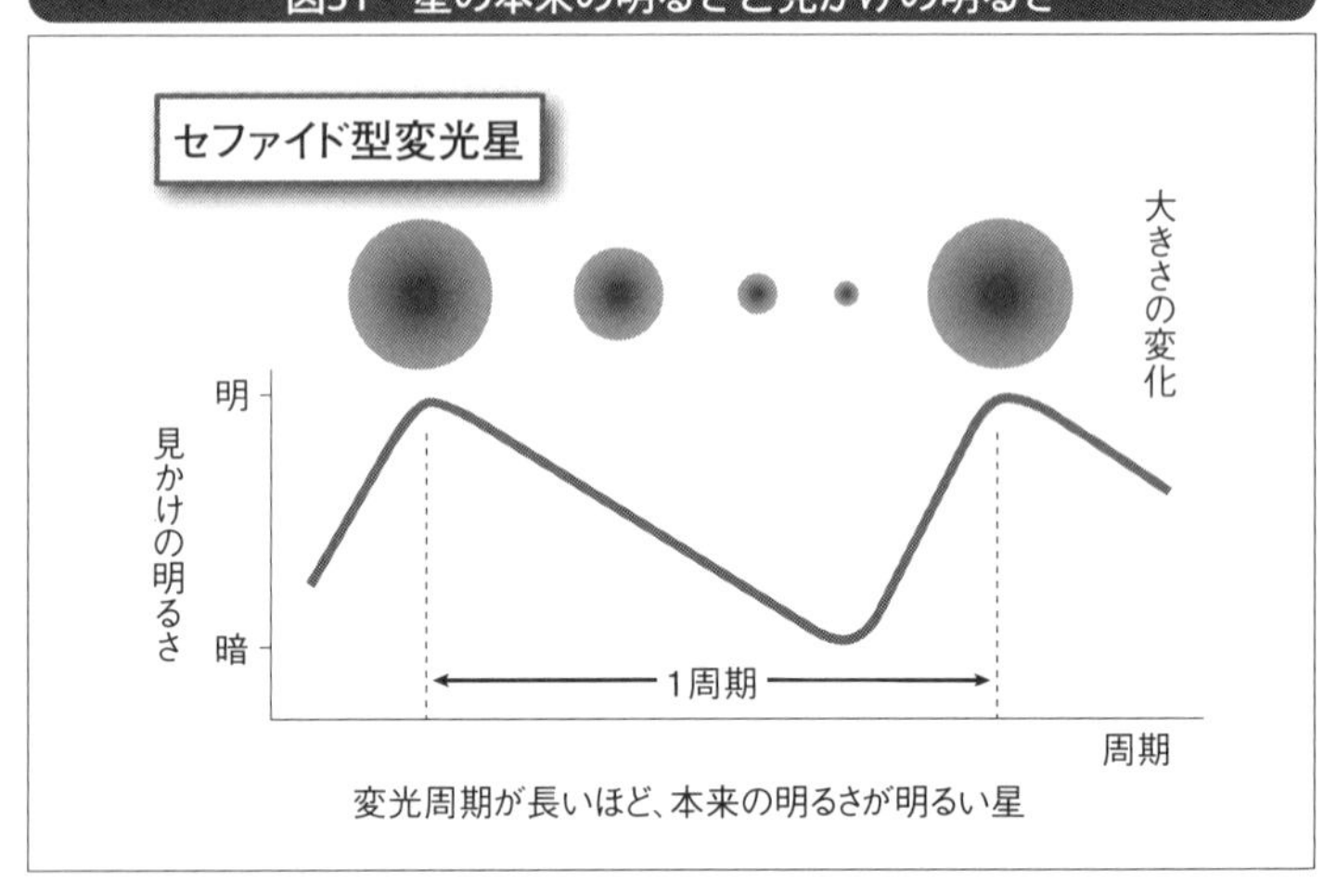

状星団の中にどのくらい質量の小さな主系列の星が残っているかで、球状星団の年齢を見積もる」ことができるのです。

星の重さの見積もり方

さて、「星の質量は、表面の温度と本来の明るさから推定する」ことができます。

星の表面温度はその星の色を見れば見当がつきます。表面温度がわかると、1秒間、単位面積（たとえば1平方センチメートル）あたりどのくらいのエネルギーを出しているかがわかります。

星の明るさとは、その星が1秒のあいだに表面全体で出しているエネルギーのことなので、単位面積あたりで出しているエネルギー（明るさ）から、星の表面積、すなわち大きさが推定できるのです。大きさがわかれば、星はほとんど水素でできているので、質量がわかります。

一方、星の本来の明るさは星までの距離がわからなければ見積もることができません。が、球状星団の中のある種の「変光星（へんこうせい）」を使うことで距離を見積もることができます。

変光星とは、ある周期で明るさが変化する星のことです。その中のひとつ、セファイド型変光星は、星が周期的に膨（ふく）らんだり縮んだりすることによって、その明るさを変えます。変光周期が長いほど、本来の明るさが明るい性質があります。そこで、本来の明るさと見かけの明るさの違いから、球状星団までの距離を見積もることができるのです。

残る問題は主系列の星かどうかということですが、それは主系列の星には、その本来の明るさと表面温度のあいだにある関係があるので、その関係を満たしていることを確認すればよいのです。

こうして球状星団の中で、どのくらい小さな主系列の星が残っているかがわかるのです。

図32　ダークエネルギーは総称

反発力を及ぼし宇宙を加速する
エネルギーはすべて「ダークエネルギー」

宇宙定数はダークエネルギーの一種

この方法で球状星団の星の年齢を評価してみると、球状星団の中には、当時想定されていた宇宙年齢より長い１３０億年前後という年齢のものがあったのです。

あとで述べますが（23参照）、ダークエネルギーがあると宇宙年齢をのばすことができるので、この矛盾のいちばん簡単な解決法はダークエネルギーを導入することです。しかし、当時は宇宙定数は存在しないという考えが支配的でした。

それに天文学の距離や年齢の推定法はかなり大ざっぱなので、この矛盾が「宇宙定数が存在することの確実な証拠」とは考えられていませんでした。この状況が変わるのは、２０００年代になってからのことです。

それとともに「宇宙定数はダークエネルギーの一種」と考えられるようになりました。反発力を及ぼし、宇宙を加速するあらゆる種類のエネルギーを総称する言葉として、ダークエネルギーが一般的になったのです。

22 宇宙の７割以上を占めるダークエネルギー

宇宙には何が詰まっているか

宇宙の年齢をのばすてっとり早い方法は、ダークエネルギーを導入することです。なぜダークエネルギーがあると寿命がのびるのでしょう。

その説明をするには、宇宙にどんなエネルギーがどのくらい詰まっているか、それらのエネル

図33　宇宙をつくっているもの

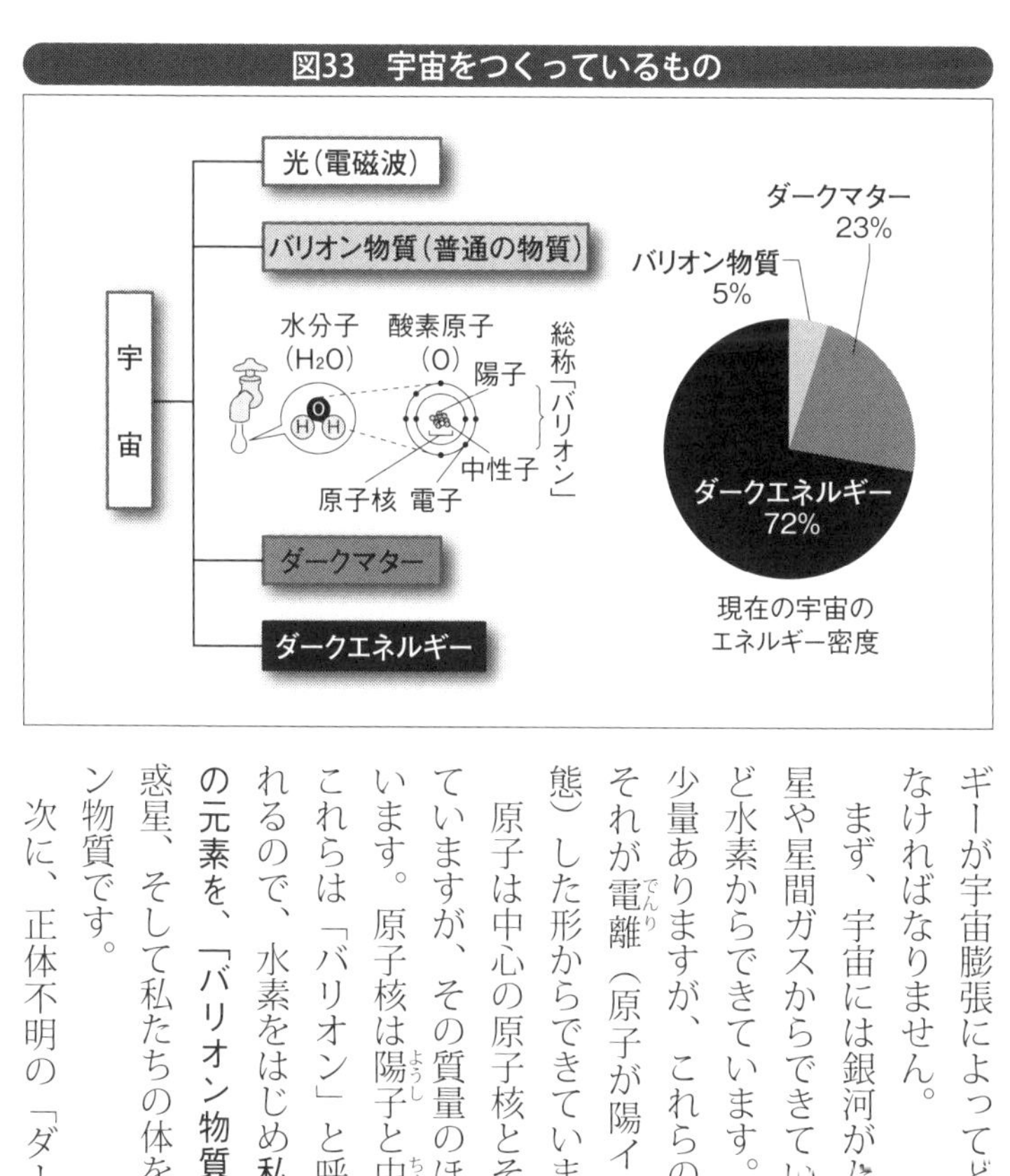

ギーが宇宙膨張によってどのように変化するか知らなければなりません。

まず、宇宙には銀河がたくさんあります。銀河は星や星間ガスからできていますが、それらはほとんど水素からできています。もちろんその他の元素も少量ありますが、これらの物質はいずれも原子や、それが電離（原子が陽イオンと電子に分離した状態）した形からできています。

原子は中心の原子核とそのまわりの電子からできていますが、その質量のほとんどは原子核が占めています。原子核は陽子と中性子からできていますが、これらは「バリオン」と呼ばれる粒子として分類されるので、水素をはじめ私たちが知っているすべての元素を、「バリオン物質」と呼んでいます。星や惑星、そして私たちの体をつくっているのもバリオン物質です。

次に、正体不明の「ダークマター（暗黒物質）」

があります。さらに「ダークエネルギー」があります。アインシュタインの考えた宇宙定数はダークエネルギーの一種でした。

ちなみに、現在の観測技術ではダークエネルギーの正体はよくわかっていません。宇宙定数かもしれませんし、あとで述べるような違ったエネルギーかもしれないので、ここでは一般的な言葉のダークエネルギーとしておきます。

現在の宇宙で、これらのエネルギー密度（ある体積の中に含まれるエネルギー）**の割合は「ダークエネルギーが約72パーセント」「ダークマターが約23パーセント」「バリオン物質が約5パーセント」**となっています。

そのほかに宇宙には「光（正確にはＣＭＢ。第3章14参照）」が充満していますが、そのエネルギー密度はバリオン物質の1万分の1程度です。この光は星から出た光ではありません。前に説明したように「宇宙の初めから存在していた光」です。

私たちが直接観測できるバリオン物質とか光は、なんと宇宙のエネルギーのたった5パーセントしかないのです。これらの割合をどうやって知るのかはあとでお話しします。

ここでは、これらの割合が宇宙の歴史とともに変わっていくという話をしましょう。

物質のエネルギー密度は減る

バリオン物質とダークマターは、宇宙膨張によって同じ時間進化をします。

「$E=mc^2$」というアインシュタインの有名な式を見たことがあるかもしれません。**「質量（m）とエネルギー（E）が同等である」**という式です。cは光速度です。バリオン物質やダークマターのエネルギーのほとんどは質量です。

さて、ある空間領域に含まれる物質のエネルギーを考えましょう。

宇宙膨張によって空間が広がると、その領域も大きくなりますが、その中に含まれる物質（ダークマターとバリオン物質ですが、そのほとんどはダークマターなので、以下、物質といえばダークマターのこととします）の量（個数）は変わりません。

つまり、**「宇宙膨張によって空間が広がるため、それにつれて物質のエネルギー密度は減って」いきます。**

光のエネルギー密度はより速く減る

光の場合は少し事情が違います。宇宙には１立方センチメートルあたり４２０個のＣＭＢ光子も存在しますが、その個数は宇宙が膨張しても変わりません。しかし１個１個の光子のエネルギーは、宇宙が膨張すればエネルギーが減少します。

これは光子が波としての性質ももっていて、その波長が長いほどエネルギーが小さくなるからです。「宇宙膨張によって空間が広がると、それにつれて光子の波長が伸びてエネルギーが小さくなる」のです。

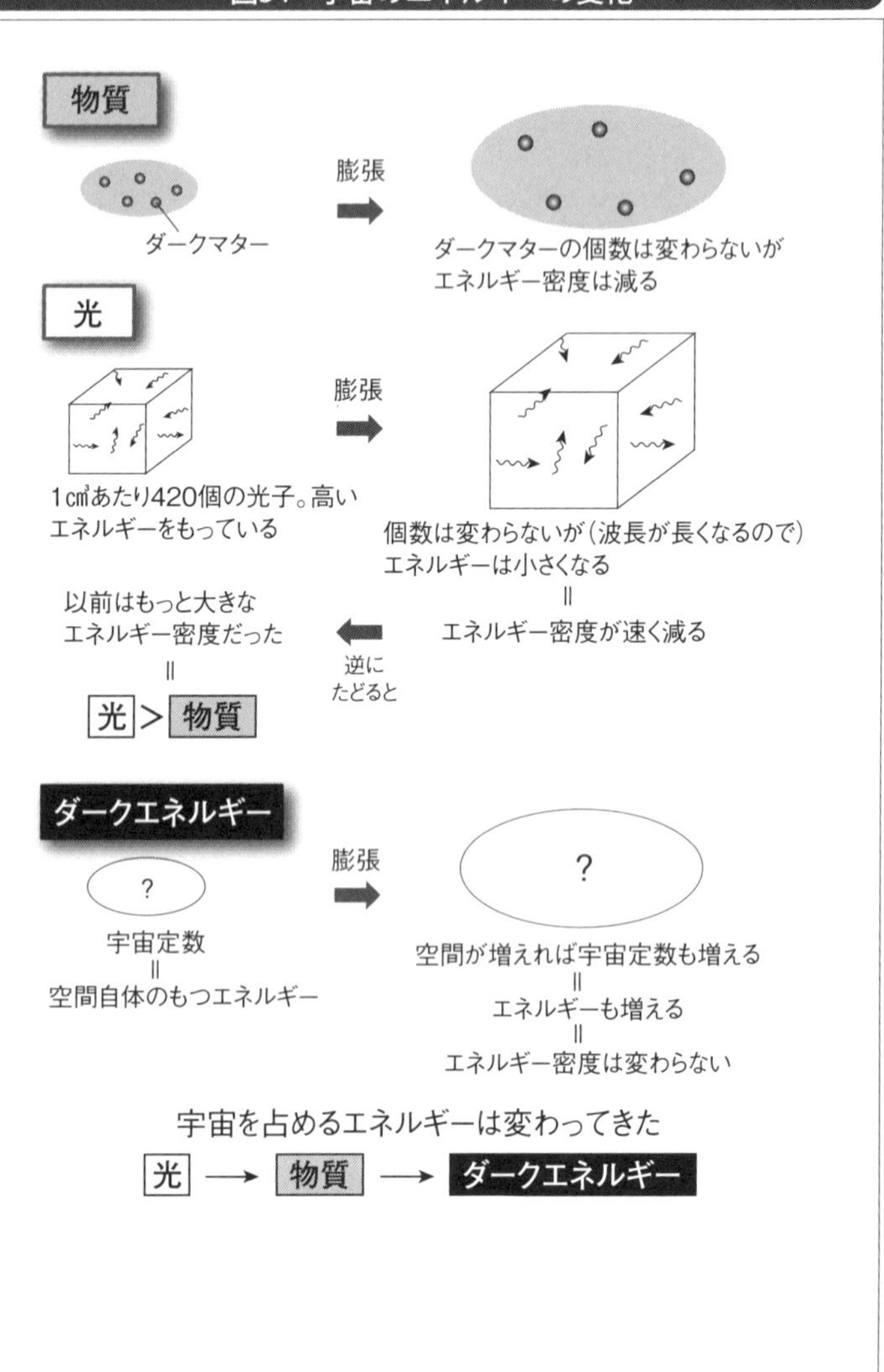
図34　宇宙のエネルギーの変化
物質
膨張
ダークマター
ダークマターの個数は変わらないが
エネルギー密度は減る
光
膨張
1㎤あたり420個の光子。高い
エネルギーをもっている
個数は変わらないが（波長が長くなるので）
エネルギーは小さくなる
＝
エネルギー密度が速く減る
以前はもっと大きな
エネルギー密度だった
＝
光＞物質
逆に
たどると
ダークエネルギー
膨張
?
?
宇宙定数
＝
空間自体のもつエネルギー
空間が増えれば宇宙定数も増える
＝
エネルギーも増える
＝
エネルギー密度は変わらない
宇宙を占めるエネルギーは変わってきた
光 → 物質 → ダークエネルギー

したがって「光のエネルギー密度は、個数密度が減るほかに、1個1個のエネルギーも減るので、宇宙膨張によって物質のエネルギー密度よりも速く減って」いきます。

このことは宇宙膨張を逆にたどると、いつかは光のエネルギー密度のほうが物質のエネルギー密度より大きくなるということです。「宇宙の初めは、光のエネルギーが物質を圧倒していた」のです。

私が最初に宇宙論の勉強をはじめた頃、このことを知ってとても驚きました。宇宙の初めの姿は現在とは似ても似つかなかったのです。

ダークエネルギーのエネルギー密度は変わらない

さて、ダークエネルギーは他のエネルギーにない特徴をもっています。それは、「宇宙膨張によって空間が広がっていても、ダークエネルギーの密度はほとんど変わらない」ことです。このことを宇宙定数を例にとって説明しましょう。

密度というのは単位体積、たとえば1立方メートルの中に含まれる量のことをいいますね。含まれる総量が変わらず体積が増えれば薄まるわけですから、当然密度が小さくなります。

ところが宇宙定数というのは真空のエネルギー、すなわち空間自体がもっているエネルギーでした。したがって、空間の体積が増えると同時に宇宙定数の総量も増えていくので、密度が変わらないのです。

これらのことから、どのエネルギーが宇宙の歴史のどの時期で支配的だったかがわかります。**宇宙は、まず初めに光が支配し、次に物質が支配し、そして最後にダークエネルギーが支配するのです。**

23 ダークエネルギーが宇宙年齢をのばす

ダークエネルギーがない宇宙=減速膨張

宇宙年齢をのばす手っ取り早い方法は、ダークエネルギーを導入することです。なぜダークエネルギーがあると、宇宙年齢がのびるかを説明しましょう。

そのために、ダークエネルギーが導入された経緯をもう一度思い出しましょう。アインシュタインは宇宙が重力によって潰れるのを防ぐため、反発力としてダークエネルギー（宇宙定数）を導入したのでした。

ちょっと話が込み入るので、一歩一歩説明していきましょう。**比べたいのは、「ダークエネルギーがある場合」と「ない場合」での宇宙年齢です。**ただし現在の膨張する速さは、両方の場合

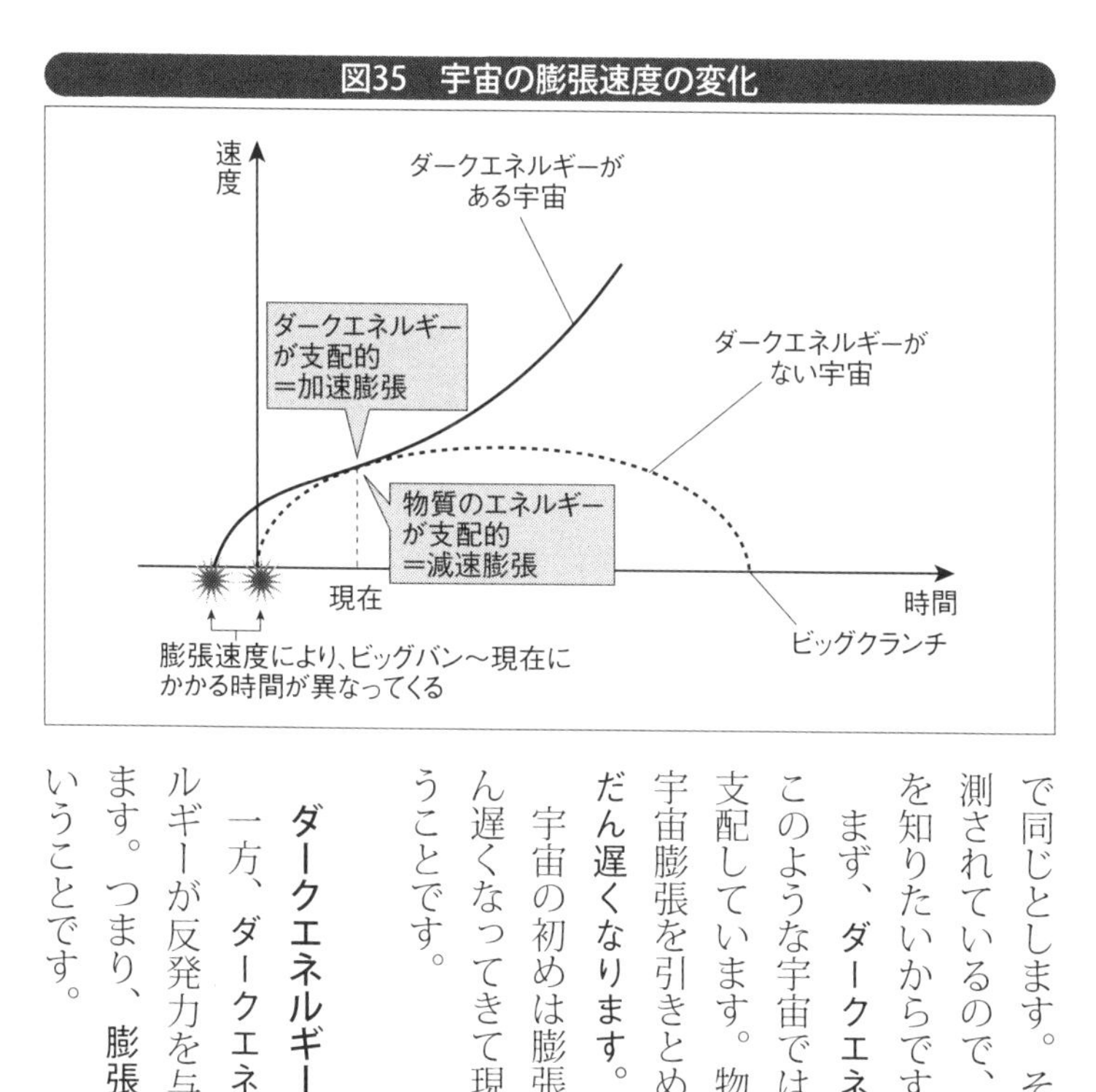

図35　宇宙の膨張速度の変化

で同じとします。それは現在の膨張の速さは実際に観測されているので、その速さになるような宇宙の年齢を知りたいからです。

まず、**ダークエネルギーがない宇宙**を考えましょう。このような宇宙では現在、物質のエネルギーが宇宙を支配しています。物質の及ぼす重力は引力ですから、宇宙膨張を引きとめるように働き、**膨張の速度はだんだん遅くなります**。これを「減速膨張」といいます。

宇宙の初めは膨張速度が非常に速く、それがだんだん遅くなってきて現在の宇宙の膨張速度になったということです。

ダークエネルギーがある宇宙＝加速膨張

一方、ダークエネルギーがある宇宙は、ダークエネルギーが反発力を与えるので、「加速膨張」をしています。つまり、**膨張速度がどんどん速くなっていく**ということです。

この場合、過去のある時期まで膨張速度は現在より遅かったことになります。それより過去は、前に見たように物質が支配的になるので、減速膨張です。

ダークエネルギーがあるほうが時間がかかる

以上をまとめると、ダークエネルギーがある宇宙とない宇宙では、過去のある時期まで宇宙の膨張の様子は同じで、それ以降、ダークエネルギーのある宇宙は加速膨張に移行し、どんどん膨張速度が速くなっていきます。ダークエネルギーのない宇宙ではそのまま減速膨張がつづき、膨張速度が遅くなっていきます。そして現在、どちらの宇宙も同じ膨張速度になっているのです。

したがって、前ページの図35のように**現在の膨張速度になるまでにダークエネルギーがある宇宙のほうが、過去の膨張速度が遅かったので、**（ダークエネルギーがない宇宙に比べて）**より時間がかかる**ことがわかるでしょう。

その存在をみんな疑っていた

宇宙膨張が宇宙年齢をのばすことはよく知られていましたが、2000年代になって現在の宇宙が加速膨張していることの証拠が出てきて、ダークエネルギーの存在が確実視されるようになるまで、ダークエネルギーを受け入れる研究者は多くはありませんでした。私自身、半信半疑で、1990年代には「どのような観測をしたら、ダークエネルギーがあるかどうかがわかるか」というテーマで論文を書いたりしました。

多くの天文学者や物理学者にとっても、やはりアインシュタインがそうであったように、ダークエネルギーは始末の悪いよけいなものに感じられたのです。

24 宇宙は30億年前から加速膨張していた

超新星で遠方までの距離を測る

２０００年頃、いったい何が起こったのでしょう。それは１９９０年代後半から進められてきたある観測の結果が出たのです。その観測とは、ハッブル宇宙望遠鏡で多数の超新星を発見し、その超新星までの距離を測ることです。

ちょっと想像がつかないかもしれませんが、「遠方の超新星までの距離を測ると、宇宙の膨張速度がどのように変わってきたかがわかる」のです。これを一歩一歩説明していきましょう。

まず距離を測ることですが、基本的な原理は簡単です。「本来の明るさがわかっている天体があれば、その見かけの明るさから距離が推定できる」という方法です。遠くにあれば暗く見える

図36　連星の最期の超新星

大小の星の連星

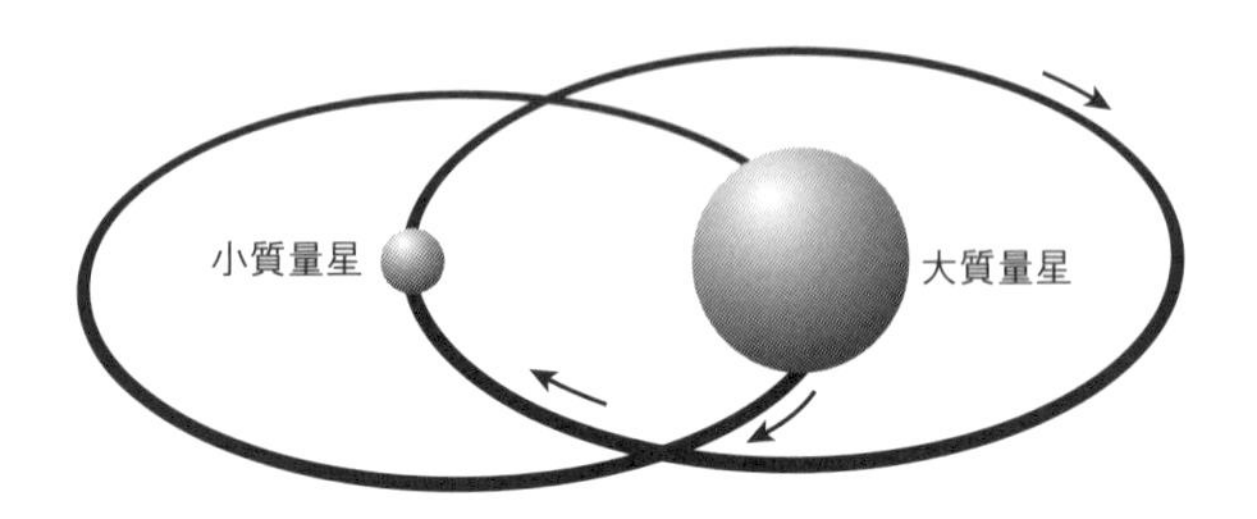

大きい星は白色矮星に進化
小さい星は赤色巨星に進化

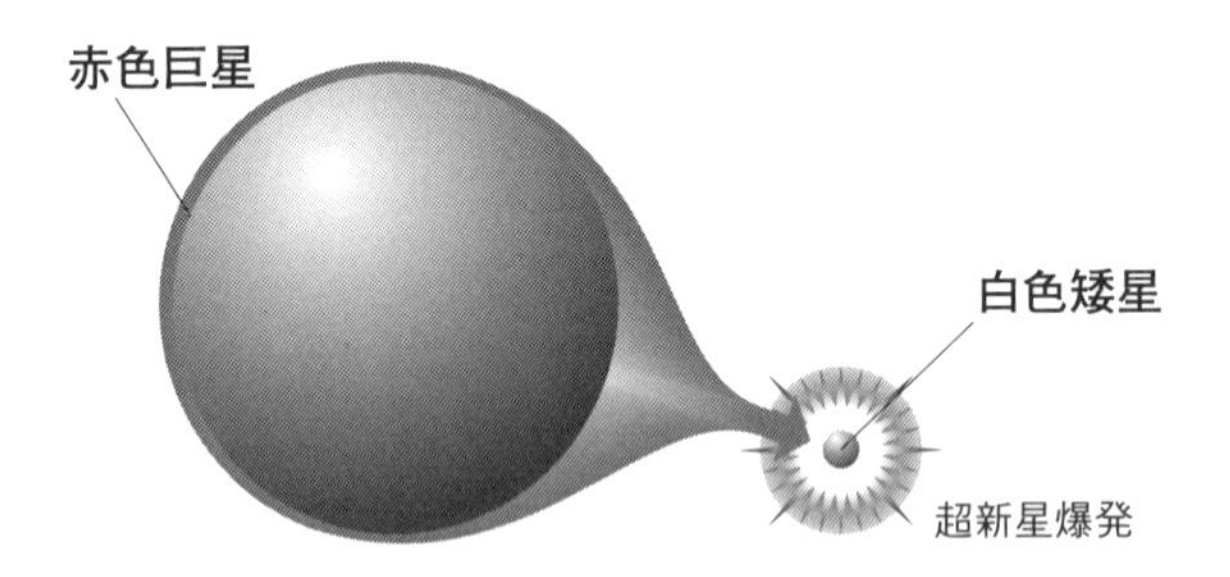

赤色巨星からはぎ取られたガスが
白色矮星に落ち込み、核融合反応を
起こして白色矮星を吹き飛ばす

ということです。

言葉でこう書くと簡単ですが、宇宙の果てにあるような天体に対して距離を測ることはとても難しいのです。それは天体の本来の明るさを推定するのがとても難しいからです。

そこで超新星です。**超新星というのは星の最期の大爆発ですが、ある種の超新星に対しては本来の明るさが十分正確に推定できる**のです。

その超新星とは、大小2つの星の「連星（れんせい）」の進化の最期に現れるものです。このような連星系では、大きい星は進化が速く「白色矮星（はくしょくわいせい）」になり、もう一方は「赤色巨星（せきしょくきょせい）」になっているという状況が現れます。すると、赤色巨星の外層のガスが白色矮星の表面に落ち込み、そのガスが高温になって核融合反応が暴走し白色矮星全体を吹き飛ばすのです。

この種の超新星が都合よいのは、銀河全体ほども明るくなるので宇宙のはるか彼方で起こっても観測できること、そして素性（すじょう）がよくわかっているので、本来の明るさが推定できることです。本来の明るさがわかれば、見かけの明るさとの違いから距離がわかります。

赤方偏移（せきほうへんい）で宇宙の大きさがわかる

もうひとつ、超新星の観測からわかることは、その「赤方偏移（せきほうへんい）」です（第2章7図12参照）。

赤方偏移というのは「超新星が光を放出したときの波長」と、「私たちがそれを受け取ったときの波長」の違いを表しています。超新星が光を出して、その光が宇宙を旅して私たちに届くま

図37　赤方偏移と宇宙の大きさ

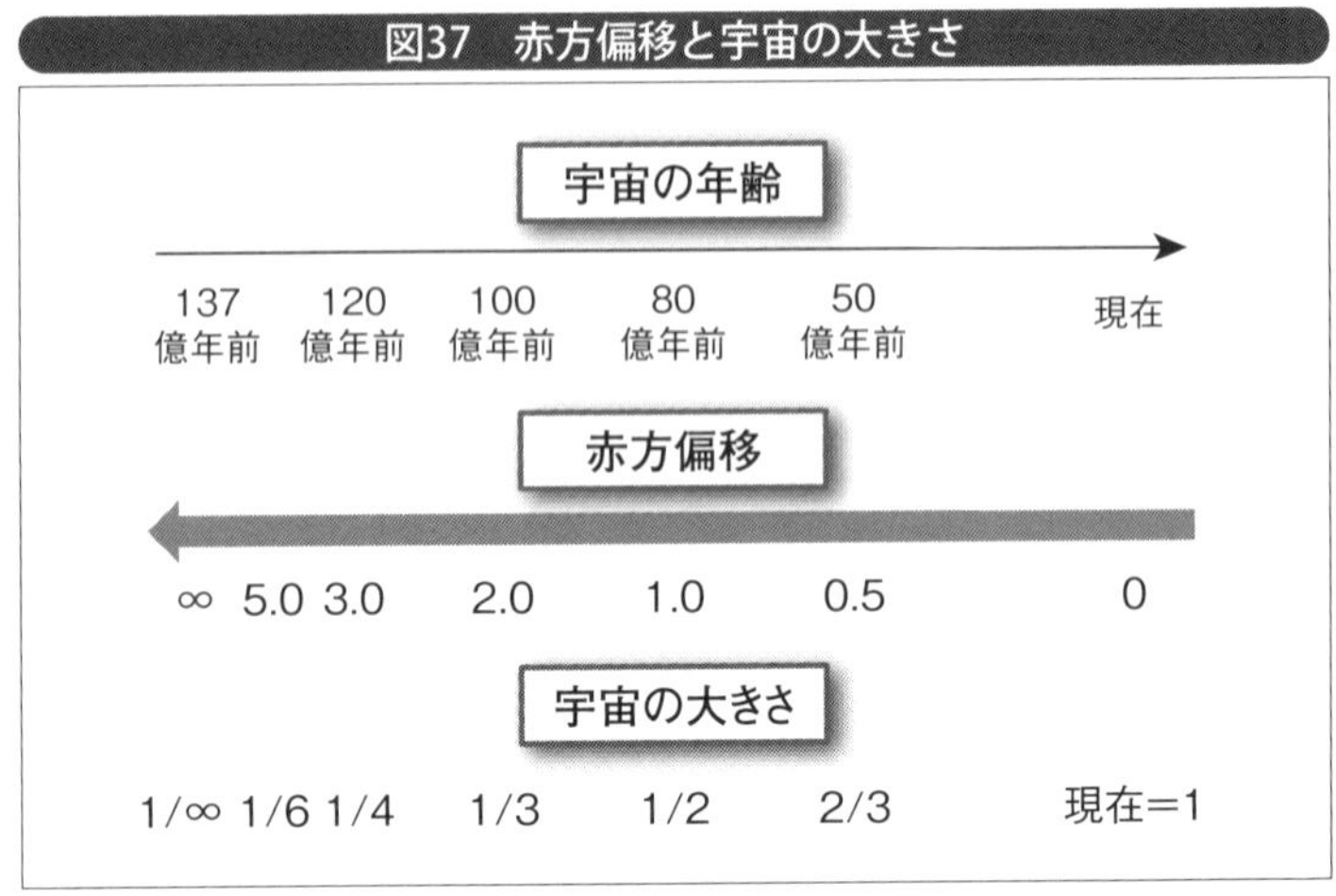

でに宇宙が膨張しているので、波長が引き伸ばされてしまうのです。

　したがって、私たちは超新星が本来出した波長よりも「長い波長」でその光を受け取ることになります。光は波長が長くなると赤く見えるので、赤方偏移といいます。

　波長が2倍になった光を受け取ると、その光は宇宙の大きさが現在の半分だったときに出た光ということになります。このとき「赤方偏移は1」といいます。同様に、宇宙の大きさが現在の3分の1のときに出た光は、波長が3倍に伸びて私たちに届きます。そのときの赤方偏移は2です。

　つまり、**赤方偏移の値から1を足した数の逆数は、宇宙がどれだけ小さかったときに出た光か**を表すのです。こういうわけで、赤方偏移を宇宙の大きさの目安として使います。

　たとえば赤方偏移が1の銀河は「『赤方偏移の1＋

1＝2』の逆数＝2分の1」となり、宇宙の大きさが現在の半分だった頃の宇宙にある銀河ということです。

現在観測されている最も遠い銀河は赤方偏移が11程度ですから、宇宙が現在の宇宙の12分の1だった頃の銀河です。

前に説明したように超新星の赤方偏移は、そのスペクトルを見ればわかります（第1章❷図5参照）。スペクトルの中の吸収線や輝線は、それを放出する元素に特有の波長をもっているので、それがどの波長で現れているかを見ればよいのです。

こうしていろいろな赤方偏移の超新星に対して、宇宙の大きさがわかることになるのです。

距離＝光がその距離を進む時間

これで準備がととのいました。**距離は光がその距離を進む時間**と考えてもよいので、超新星の観測をすることで、宇宙がいろいろな大きさにあったときの時間がわかるのです。

難しい言葉でいえば、**宇宙の大きさが「時間の関数」としてわかる**のです。

宇宙膨張の速度というのは、一定時間のあいだにどれだけ宇宙が大きくなったかということですから、結局、超新星の観測からいろいろな時間での宇宙の膨張速度がわかるのです。

この観測はアメリカの2つのグループが独立におこない、どちらも**宇宙が30億年ほど前から加速膨張をしている**ことを報告したのです。

25 宇宙の構成要素はどうやって割り出すか

加速膨張の時期から導くダークエネルギーの割合

現在の宇宙が加速膨張しているということは、現在の宇宙の中には、ダークエネルギーのほうがダークマターや水素などの普通の「バリオン物質」のエネルギーよりも多く含まれていることを意味します。

実際に現在の宇宙で、エネルギー密度（ある体積の中に含まれるエネルギー）の割合は、ダークエネルギーが72パーセント、ダークマターが23パーセント、バリオン物質が5パーセントとなっています。

では、この割合はどのようにしてわかったのでしょうか。

前に、宇宙膨張によってダークマターやバリオン物質（両方を合わせて「物質」と呼びましょう）のエネルギー密度が減っていくこと、ダークエネルギーがアインシュタインの考えた宇宙定数の場合、宇宙膨張があってもそのエネルギー密度は変わらないという話をしました（22図34参照）。

また、のちほど説明する「クインテッセンス」のような宇宙定数でないダークエネルギーの場合、宇宙膨張によってエネルギー密度が減っていきますが、物質よりゆっくりと減っていきます（第5章29参照）。

いずれにせよ、**ダークエネルギーと物質とでは減り方が違う**のです。

現在、ダークエネルギーのエネルギー密度のほうが物質のエネルギー密度より高かったとしても、宇宙の過去のある時期以前にはそれが逆転して、物質のエネルギー密度のほうが高くなります。いつそれが起こるかは、現在の宇宙のそれぞれの割合がわかれば決めることができます。

逆にいえば、**ダークエネルギーのエネルギー密度のほうが物質のエネルギー密度より高くなった時期（＝加速膨張がはじまった時期）がわかれば、現在のそれぞれの割合がわかる**のです。

遠方の超新星の観測からいまから30億年前に宇宙は加速膨張時代に突入したことがわかっているので、このことからダークエネルギーが全体の70パーセント程度とわかります。その他もろもろのことを考慮すると、かなり正確な割合がわかるのです。

ＣＭＢの温度揺らぎから求めるバリオン物質の割合

一方、物質の中でバリオン物質の割合を決めるのは、それほど単純ではありません。

第3章に出てきましたが（14参照）、宇宙を満たしている宇宙マイクロ波背景放射（宇宙誕生時の光の名残(なごり)。ＣＭＢ）の温度にはわずかな高低（温度揺らぎ）があります。ビッグバンから約38万年後まではＣＭＢの温度が十分高いため、原子は原子核（この場合は陽子とヘリウム原子核）と電子とにバラバラにされています。このような状態を「プラズマ状態」といいます。

プラズマ状態では、光子は頻繁（ひんぱん）に原子核や電子と衝突をくり返して、あたかも光子が物質にまとわりついているようにふるまいます。このような状態を「光子バリオン流体」と呼びます。

光子バリオン流体にも、わずかな密度の高低は存在しますが、密度の高い部分がバリオンの重力で収縮して成長しようとしても、光子がぶつかって広がろうとするので、成長が止められてしまいます。あまり広がりすぎると、今度は光子の影響より重力の影響が強くなり、逆に収縮しはじめます。

こうして密度が高くなったり低くなったりがくり返されて、振動が起こります。密度が高いところは温度が高く、密度の低いところは温度が低くなって、ＣＭＢの温度揺らぎができるのです。

さて**バリオン物質が多いと**その重力が強くなるので、光子バリオン流体が大きく振動することになり、**その結果ＣＭＢの温度揺らぎも大きくなります。**こうしてＣＭＢの温度揺らぎの大きさから、バリオン物質の量が評価できるのです。

宇宙論の新時代を開いたＷＭＡＰ（ダブリューマップ）観測

ＣＭＢの温度揺らぎはアメリカのＮＡＳＡが打ち上げた「ＷＭＡＰ（ダブリューマップ）」という観測衛星がくわしく観測して、私たちの宇宙の理解を大きく進めました。

ＷＭＡＰの観測結果は、たとえば宇宙年齢１３７億年を誤差１パーセントの範囲内とそれまででは考えられない精度で決定し、宇宙論は精密科学の仲間入りをしたのです。宇宙論の新時代の扉を開いた観測といえるでしょう。

この観測データの解析（かいせき）には、小松英一郎（こまつえいいちろう）君というひとりの日本人研究者が参加していました。彼は大学４年生と大学院生時代、私の学生でした。廊下の端の研究室の学生にも小松君のゼミがはじまるとすぐわかるほど、彼の声は大きく元気でした。

小松君は現在マックスプランク天体物理学研究所所長ですが、彼ばかりではなくいろいろな教え子が日本国内や台湾など各地で活躍しています。彼らが一流の研究者として活躍しているのを見ることも、大学の先生の楽しみのひとつです。

第５章　宇宙の初めと終わりの姿

26 宇宙の初めの「ヒッグスの海」で起きたこと

1つの力が4つに枝分かれ？

この章では、宇宙の初めと終わりの姿を見てみましょう。いずれも、ダークマターとダークエネルギーが大きく関係してきます。

じつは宇宙が加速膨張(ぼうちょう)をしたのは、これが初めてではありません。宇宙の初めにも加速膨張をしていたと思われるのです。この**宇宙初期の加速膨張を「インフレーション」といいます。**

インフレーションという概念が提案されるまで、「ビッグバン」が宇宙のはじまりと考えられてきました。現在ではインフレーションが起こった後、それを引き起こしたエネルギーが熱に変わって、宇宙を高温化したと考えられています。この考えでは、インフレーション後の高温状態こそがビッグバンなのです。

宇宙初期のインフレーションは、観測されたわけではありません。日本の佐藤勝彦(さとうかつひこ)やアメリカのアラン・グースといった物理学者によって、1980年代に予言されたものです。彼らは当時話題になっていた「大統一理論(だいとういつりろん)」を宇宙に適用したら、何が起こるのだろうかと考えたのです。

大統一理論とは、自然界に存在する「4つの力」――重力、電磁気力、弱い力、強い力のうち重力をのぞいた3つの力を、統一的に理解しようとする試みです（第3章17図26参照）。動物が進化の過程で哺乳類、爬虫類、両生類に分かれたように、**最初に「大統一力」という1つの力があって、なんらかの原因で、それが3つの力に枝分かれした**とする大胆な考えです。1970年頃に電磁気力と弱い力にこのような見方ができることが示され、その余勢をかって、同じ考え方で強い力まで含めようという試みがさかんになされていたのです。

この大統一理論で重要な役割を果たすのが、「真空」の性質です。このことはインフレーションを理解するためにとても重要なので、くわしく説明しましょう。

質量とは「ヒッグス粒子の抵抗」

先に素粒子には「フェルミオン」と「ボソン」の2種類があって、4つの力のどれもフェルミオンのあいだである種のボソンがやりとりされることによって生じることをお話ししました（第3章17図25参照）。たとえば、電磁気力は光子がやりとりされ、弱い力はウィークボソンと呼ばれるボソンがやりとりされて生じます。

光子とウィークボソンには大きな違いがあります。**光子は質量をもたず光速度で走りますが、ウィークボソンは陽子の90倍程度というとても重たい質量をもっている**、ということです。そのせいで、ウィークボソンはごく短い距離しかやりとりすることができません。

それに対して、光子はどんなに遠くでもやりとりすることができます。こういうわけで、電磁

図38　ヒッグスの海を走る素粒子

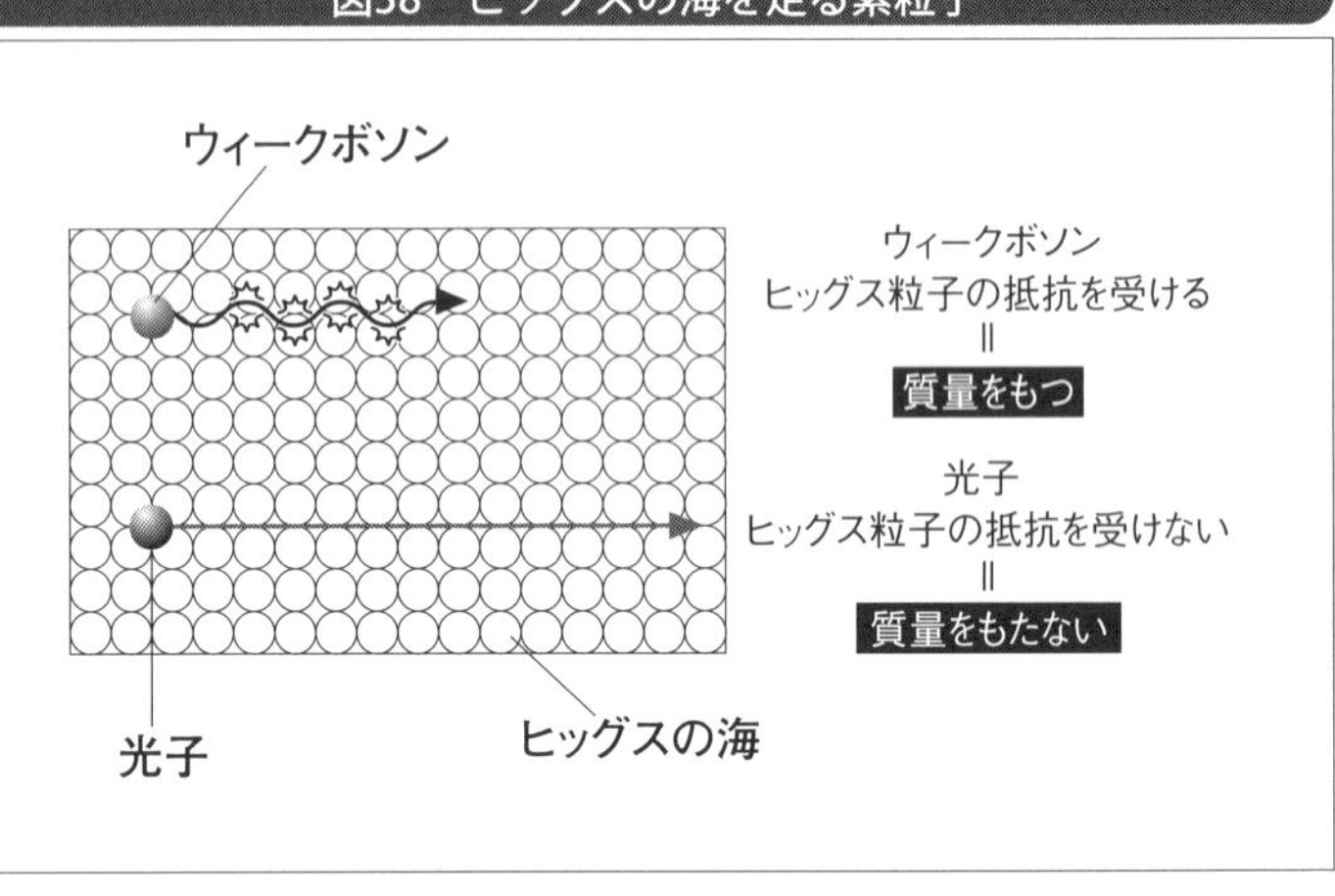

気力が働く範囲は無限大の一方、弱い力はミクロの世界でしか働かないのです。

　これほど違う電磁気力と弱い力ですが、逆にウィークボソンはそもそも質量をもたず、なんらかの原因で**「質量が現れた」と考えることができれば**、電磁気力と弱い力は**それほど違うものではないと考えることができる**のです。

　そのなんらかの原因が「真空」です。真空とは何もない空っぽの空間と思うかもしれませんが、そうではありません。**「エネルギーがいちばん低い状態」が真空**です。

　そしてエネルギーが最低の状態とは、**「ヒッグス粒子」**（イギリスの理論物理学者ピーター・ヒッグスにちなんだ名称）**と呼ばれる粒子が空間にべったりと詰まっている状態**と考えられています。

　このヒッグスの海の中をウィークボソンが走るとき、ヒッグス粒子の抵抗を受け、ウィークボソンは光速度より遅い速度で走ることになるのです。光速度で走ることができるのは、質量をもたない粒子だけです。いい換えれば、「速度が光速度より遅くなると、粒子は質量をもつ」のです。

あらゆる粒子の質量は、ヒッグスの海の中で抵抗を受けることによって現れます。電磁気力を媒介(ばいかい)する光子と、重力を媒介する重力子(じゅうりょくし)だけが抵抗を受けないため、質量がゼロのままなのです。

この真空に対する考えを適用して、電磁気力、弱い力、強い力を１つの力に統一しようとするのが大統一理論です。

真空の変化が2回起こった

現在の真空空間、つまり**宇宙がヒッグスの海だとしたら、宇宙の初めはどうなっていたでしょう。**

宇宙の初めはとても高温でした。地球の海水が摂氏(せっし)１００度で沸騰(ふっとう)して水蒸気になる（これを相転移(そうてんい)という）ように、ヒッグスの海もある温度以上になると沸騰して蒸発してしまいます。

つまり、宇宙の初めでは真空の性質が違っているのです。このような**真空の変化**は「**真空の相転移**」といい、**宇宙の歴史の中で次の2回起こった**と考えられています。

①大統一力が強い力と電弱力に分かれたとき（ビッグバンから10のマイナス38乗秒後）

②電弱力が電磁気力と弱い力に分かれたとき（ビッグバンから１０００億分の1秒後）

（ただし最近では、初めの相転移はなかったかもしれないと考えている研究者もいます）

この真空の変化が起こったとき、宇宙の膨張の様子が変わるのではないか、と考えた人たちがいました。その人たちが佐藤勝彦であり、アラン・グースでした。そして彼らは「インフレーション」が起こる可能性に気がついたのです。

27 光速を超えて膨張する「インフレーション宇宙」

高エネルギー粒子「インフラトン」

なぜ真空の変化が起こるとき、宇宙に「インフレーション」が起こる可能性があるのでしょう。もう一度、ヒッグスの海の蒸発を考えてみましょう。

現在の真空とは、ヒッグス粒子が空間にべったりと詰まっている状態でした。そしてその状態はエネルギーのいちばん低い状態でした。

ということは、逆にいえば、「ヒッグス粒子が蒸発してしまった状態のほうがエネルギーが高い」ということです。つまり、**宇宙初期の高温時代の真空は、現在の真空よりもエネルギーが高かった**のです。「このエネルギーが宇宙膨張に影響を与えるのではないか」と佐藤勝彦とアラン・グースは考えたのです。

このエネルギーは空間全体に詰まっていて、空間のもっているエネルギー、すなわち「ダークエネルギー」と同じエネルギーです。こういうわけで宇宙初期に加速膨張が起こった可能性が考えられたのです。

残念ながらよくよく調べてみると、真空の変化のとき宇宙はインフレーションを起こすことはないことがわかりました。しかし宇宙の初めにインフレーションが起こると、次に述べるように都合のいいことがあるので、現在では違うメカニズムでインフレーションが起こったと考えられています。

そして、インフレーションを起こすエネルギーを与える粒子のことを「インフラトン」という名前で呼んでいます。インフラトンが実際にどんな粒子かは、まだよくわかっていません。

同じような銀河分布は偶然か必然か

よくわからない粒子を導入してまでインフレーションがあったと考える理由を説明しておきましょう。それはインフレーションを考えなければ、どうしても説明できないことがあるからです。

現在、すばる望遠鏡のような大望遠鏡では、１３０億光年彼方（かなた）の銀河まで観測することができます。観測できる宇宙を見渡してみると、どの場所でも銀河が同じように分布していることに気がつきます。たとえば１００億光年離れたＡとＢの２つの場所でも、銀河が同じように分布しています。

図39　離れた銀河の不思議

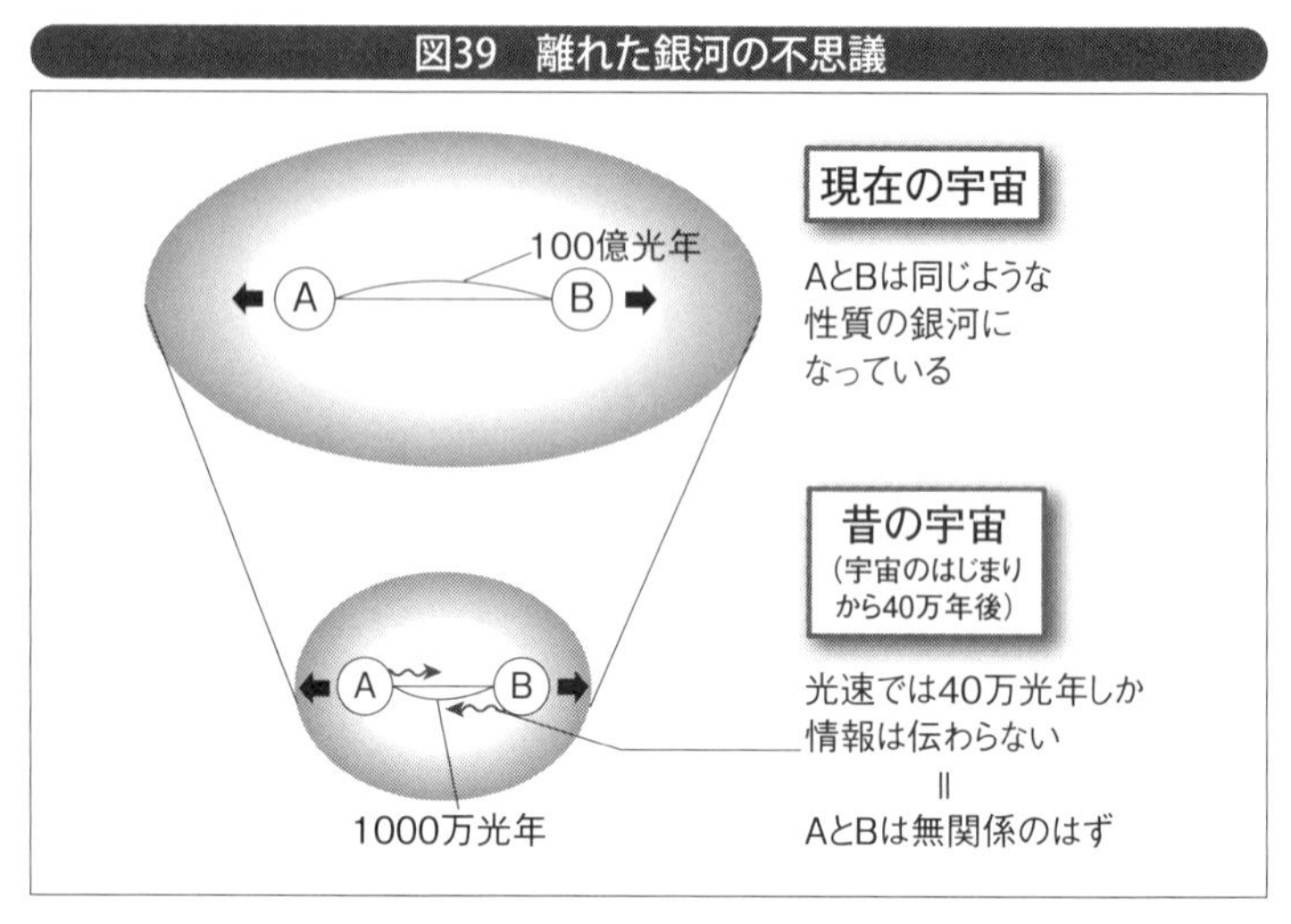

このことは、じつはとても不思議なことなのです。なぜ不思議かを説明しましょう。それにはこの2つの場所AとBが、宇宙の過去にどれだけ離れていたかを考えてみればわかってきます。

宇宙がはじまって約40万年たった頃の宇宙の大きさは、現在の約1000分の1です。いま考えている2つの場所A、Bは、その頃、100億光年の1000分の1の、1000万光年離れています。

ところが、宇宙がはじまってから40万年までに、光は40万光年しか進むことができません。「どんな情報も光速度以下でしか伝わらない」ので、宇宙開始後40万年のときの2つの場所A、Bは、宇宙がはじまって以来、まったくお互いのことを知ることができないのです。だからこの2つの場所は何の関係もないはずです。

それなのに現在、AとBで、銀河は同じように分布しているのです。まったく無関係なので、もっと異なるあり方で分布していてもよさそうですが、そうではないのです。

たまたま同じように銀河が分布していたと思うかもしれませんが、そんな偶然は可能性が非常に低いので、物理学者は必然的にそうなったと考えたいのです。そして偶然を必然にするのが、インフレーションです。

光速度を超えて膨張する宇宙空間

偶然を必然に変えるには、２つの場所Ａ、Ｂがじつは昔に関係があったとすればよいのです。**ＡとＢは宇宙の初めには、ごく近所にあって関係していたが、その後、光速度を超える速度で急速に離れてしまった**と考えればいいのです。

光速度を超えて離れていくので、もはやＡとＢには光は届かないように見えるのです。この**「光速度を超えて２つの場所を離すメカニズム」**がインフレーションです。

「光速を超えて離れていく」というと特殊相対性理論と矛盾（むじゅん）すると思うかもしれません。特殊相対性理論は、「光速より速いものはない」と主張しているからです。

しかし、これは矛盾ではありません。**特殊相対性理論が説明しているのは物体の運動で、空間の運動ではないのです。**

さて、佐藤もグースも同じような理論を考えましたが、グースが経済用語のインフレーションという馴染（なじ）みのある言葉を使ったため、インフレーション＝グースという偏見ができてしまいました。じつはこのようなことは、科学ではよくあることです。

28 宇宙の構造をつくった種（たね）の起源

インフラトンのエネルギーの揺らぎ

現在の宇宙には銀河、銀河団（銀河の集団）、超銀河団（銀河団の集団）などの構造がありま す。このような構造がどうしてできたのかは、ダークマターのところでお話ししました（第3章14 15参照）。

宇宙の初め、ダークマターにはわずかに密度の高いところと低いところがあって、高いところは周囲よりわずかに多く質量を含むので、その分、重力が強く、まわりのダークマターを引きつけ、さらに密度が高くなっていきます。こうしてできたダークマターのかたまりの重力に通常の物質が引き込まれて、銀河ができていくのでした。

では、**そもそもダークマターの密度揺らぎはいつできたのでしょう**。これは長いあいだ謎で、だれも説明することができませんでした。インフレーションは、この謎をいとも簡単に解決したのです。この説明には以前に説明したことがいろいろと出てきます。

真空とは空っぽの空間ではなく、**つねにエネルギーの揺らぎが起こっています**。これをエネルギーの**「量子揺らぎ」**といいます。量子力学ではエネルギーは一定の値（あたい）をとることができず、つねに大きくなったり小さくなったりしているのです。インフレーションが起こっているときも、同様です。

インフレーションを起こしているのは「インフラトン」という粒子のエネルギーですが、このエネルギーも揺らいでいます。ある場所ではインフラトンのもっているエネルギーがまわりより少し大きくなったり、別の場所ではまわりより小さくなったりしているのです。

水面に波が立っている様子を想像してみましょう。これと同じです。インフラトンが空間を埋め尽くしていて、そこにインフラトンの波が立っていると思ってください。波の振幅（しんぷく）の大きなところはエネルギーの高いところ、小さいところはエネルギーの低いところです。波の波長は大小いろいろ混じっています。

エネルギーの揺らぎからダークマターの密度揺らぎへ

このような揺らぎは、発生した直後から、**インフレーションによる空間全体の膨張とともに急速に引き伸ばされます**。しかし、空間全体がまったく同じ膨張速度で大きくなるわけではなく、エネルギーが大きな場所の膨張速度は平均より少し速く、エネルギーの小さな場所の膨張速度は平均より少し遅くなります。

膨張速度が速かった場所はまわりより少し余分に膨れていて、膨張速度が小さかった場所はまわりより少し縮んでいます。

したがって**「膨張速度が速い場所では、ダークマターの密度がまわりより少し高く」**、逆に**「膨張速度が遅い場所では、ダークマターの密度がまわりより少し低く」**なるのです。

このようにしてダークマターの密度揺らぎができ、そしてそれがだんだん成長してきて、その中で銀河が生まれるのです。ダークマターのかたまりは、まるで銀河をはぐくむ揺りかごです。

銀河はインフラトンの揺らぎから成長

宇宙の構造をつくる種の起源については、ほかにも諸説がありますが、そのどれもが正確な計算ができない突拍子もない仮説に近いものです。

ところが、インフレーション理論は、どの長さの波長の揺らぎがどのような振幅をもっていたかなどの正確な予言ができ、その予言から宇宙誕生時の光の名残である「宇宙マイクロ波背景放射（ＣＭＢ）」の温度揺らぎや、銀河がどのように空間に分布しているのかが予言できます。

そしてその予言が観測とよく一致しているので、大多数の研究者は**インフレーション時の量子揺らぎが宇宙構造の種**だと信じています。

私たちがいま見ている銀河が、インフラトンの微小な揺らぎから成長してきたことが想像できますか？　宇宙ってすごいですね。

29 新たなダークエネルギー候補「クインテッセンス」

インフレーション後に消えるエネルギーが必要

宇宙の初めのインフレーションを引き起こすのは、インフラトンという粒子のもっているエネルギーと考えられています。一方、現在の宇宙の加速膨張を引き起こしているのは、ダークエネルギー、その中でも宇宙定数が最も有望であろうと考えられています。

つまり、**宇宙の誕生時とその後では、２つの異なる原理が働いているということです。**どちらも同じ加速膨張を引き起こしてはいるのですが、なぜ原因が違うのでしょう。

宇宙初期のインフレーションが宇宙定数によって引き起こされたものではないことは、以下のように考えればわかります。

前にもお話ししましたが、宇宙定数のもっているエネルギー密度は宇宙が膨張してもほとんど変化しません。一方、物質や光は過去にさかのぼると、エネルギー密度がどんどん高くなっていきます（第４章22参照）。

宇宙の初めにインフレーションを引き起こすエネルギーXは、その当時の光のエネルギー密度よりも大きなエネルギー密度をもっていなければなりません。しかし一方、宇宙定数のエネルギー密度は宇宙が膨張しても変化しないという事実があります。

ですから、エネルギーXが**宇宙定数では、インフレーションはいつまでたっても終わらない**ことになってしまいます。これでは困ります。

宇宙初期の物質密度のでこぼこが成長して銀河ができるわけですが、インフレーションが永遠につづくと、膨張速度があまりに速すぎて密度のでこぼこが成長できなくなってしまうからです。だからいったん、インフレーションは終わらなければなりません。

ということで、**宇宙の初めのインフレーションには、「十分インフレーションを起こした後に消えてしまう」インフラトンを考える必要があった**のです。

現在の加速膨張をもたらすエネルギーはどんなもの？

では、現在の宇宙の加速膨張は、なぜ宇宙定数でなければならないのでしょう。インフラトンのような粒子のもっているエネルギーでもいいのではないでしょうか。**加速膨張をもたらすエネルギーを「クインテッセンス」と呼びましょう。**

クインテッセンスとは「第5の元素（げんそ）」という意味です。ギリシャ時代には万物は火、水、土、空気の4つの元素からできていると考えられていましたが、現在の加速膨張の原因をつくっている新たな要素を第5の元素と呼ぼうという洒落（しゃれ）です。

宇宙定数のエネルギー密度が宇宙膨張と無関係に一定だったのに対して、**クインテッセンスは宇宙膨張につれてそのエネルギー密度が減っていくと考えます**（まれに、逆に増えていくというモデルを考える場合もあります）。その意味では普通の物質や光と同じような性質をもっていますが、ただし宇宙定数と同じように**あらゆる物体に対して反発力を及ぼす**と考えるのです。

クインテッセンスの正体は、ヒッグス粒子のような空間を埋め尽くす粒子と考えられていますが、その正体については暗中模索の状態です。そもそもクインテッセンスが存在するのかしないのかすら、わかっていません。

「クインテッセンス＝インフラトンではないのか？」と思う人がいるかもしれません。もしそうならインフラトンとクインテッセンスの２つを考える必要がないので経済的ですが、宇宙初期のエネルギー密度と現在のエネルギー密度があまりに違うので、別物と考えられています。

不思議なものが存在してもいい

しかし宇宙定数がそうであったように、クインテッセンスが存在して悪い理由は何もありません。「存在しないという理由がないものは、すべて存在すると思っておいたほうがよい」のです。

そこで、**反発力を及ぼし宇宙を加速するものは、宇宙定数であれクインテッセンスであれ、すべてまとめてダークエネルギーと呼ぼう**ということになりました（第4章21図32参照）。そうすると、クインテッセンス以外にも、もっといろいろな可能性を考えることができます。

宇宙定数でさえ、その存在を忌み嫌ったアインシュタインが、ダークエネルギーの考えを聞いたらどう思うでしょうか。宇宙定数の例に懲りずに、そんなものは存在しないというでしょうか。あるいは自然は人間より想像力が豊かで、クインテッセンスどころか、もっと不思議なダークエネルギーが存在してもいいと思うでしょうか。

30 「宇宙の終わり」の3つの可能性

「閉じた空間」「平坦な空間」「開いた空間」

ここからは宇宙の終わりの姿を考えてみましょう。

アインシュタインは宇宙の未来は潰れると予測して、宇宙定数を加えたアインシュタイン宇宙モデルを考えました（第4章19参照）。このアインシュタインモデルは「閉じた空間」といわれます。

じつは「閉じた空間」というのは、可能性のひとつにすぎません。閉じた空間を考えるとき、アインシュタインは「空間にはどこにも特別な場所がなく（一様）、どこから見ても特別な方向はない（等方性＝みな同じ）」としました。これを「空間の一様、等方性」といいますが、この

条件を満たす空間は、閉じた空間のほかに2種類存在することが知られています。

それは「平坦な空間」と「開いた空間」です。この2つの空間は、どちらも無限に広がっています。平坦な空間とは、三角形の内角の和が１８０度になるような私たちがよく知っている空間です。それに対して開いた空間とは、三角形の内角の和が１８０度より小さくなる空間です。

わかりやすく2次元でイメージすると、平坦な空間は平面、閉じた空間は球面です。開いた空間は少し正確ではないのですが、馬の背につける鞍（くら）のように、ある方向には凸で、それと直交する方向には凹になっているような無限に広がった曲面です。

ダークエネルギーがないと宇宙はどうなる？

この3つの空間が示す宇宙像は膨張の仕方がまったく違っています。まずシンプルな場合として、ダークエネルギーのない場合を考えましょう。ダークエネルギーは状況証拠からその存在が確実と思われていますが、次章で述べるようにダークエネルギーがなくても宇宙は説明できると考える高次元宇宙論もあるので、ダークエネルギーが存在しないと考える人もいるからです。

閉じた空間の場合、宇宙はビッグバンではじまり膨張しますが、膨張速度がだんだん遅くなり、一瞬止まり、そして収縮に転じ、**最後は一点に潰れてしまいます**。膨張が一瞬、止まった瞬間を「ビッグストップ」、収縮して潰れたときを「ビッグクランチ」といいます（クランチは噛（か）み砕（くだ）くの意味）。

とはいっても心配することはありません。現在の宇宙の年齢は137億年ですから、潰れたとしてもその何十倍、何万倍という気の遠くなるような未来の話です。

平坦な空間はやはりビッグバンではじまり膨張します。だんだん膨張速度が遅くなりますが止まることはありません。止まるのは無限の未来で、**いつまでも宇宙は膨張をつづけます。**

開いた空間もビッグバンからはじまり無限に膨張します。膨張速度はだんだん遅くなりますが、けっして止まることはありません。最後には**一定の速度でいつまでも膨張をつづける**のです。

まとめると、ダークエネルギーがない場合、宇宙の3つの未来像のうち潰れるのは1つだけで、残り2つは膨張をつづける、ということになります。

わずかな誤差で未来は変わる

空間が平坦か閉じているか、あるいは開いているかは、「宇宙の中にどれだけエネルギーが含まれているか」で決まります。

エネルギー密度の量が「臨界密度」と呼ばれる量と一致するとき、空間は平坦になります。臨界密度以上のエネルギーが含まれている場合、空間が閉じ、それ以下の場合は開いているのです。

現在のさまざまな観測では、宇宙に含まれているエネルギーは臨界密度に近く、宇宙の空間は平坦であると考えられています。

しかし観測には必ず誤差がつきもので、正確に臨界密度と一致するとはけっしていうことはで

図40　ダークエネルギーがない場合の宇宙の3つの未来

閉じた空間

エネルギー密度が臨界密度以上のとき ＝

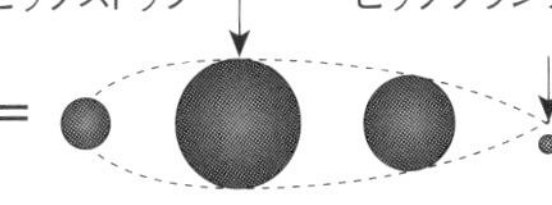

宇宙の物質同士が重力によって引き合い、宇宙はやがて収縮しはじめる。最後は1点につぶれて終わる（ビッグクランチ）

開いた空間

エネルギー密度が臨界密度以下のとき ＝

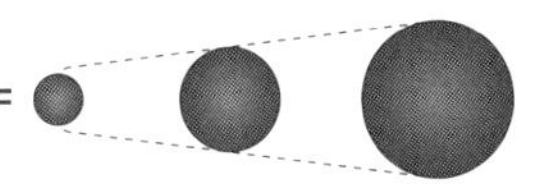

重力が弱いので、物質同士が引き合う力はあまり働かない。宇宙は膨張しつづける

平坦な空間

エネルギー密度が臨界密度のとき ＝

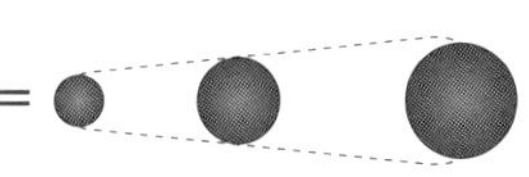

宇宙はゆるやかな膨張をつづける

現在の宇宙は平坦な空間

きません。空間は平坦に近いものの、わずかに閉じているかもしれないし、わずかに開いているかもしれません。**宇宙の長大な歴史においては、その〝わずかな違い〟が決定的な違いになっていきます。**ダークマターのわずかな密度揺らぎが銀河へと成長していったのと同じです。

巨大な風船の上にのっているノミを想像してみてください。ノミにとっては風船の表面は平らに感じるでしょう。私たちもこのノミのような存在で、本当は空間が開いている、または閉じていることに気がつかないだけかもしれません。

どんなにその差が小さくても、**平坦か開いているか、あるいは閉じているかで、宇宙の未来は決定的に違う**のです。

31 超巨大ブラックホールが蒸発する宇宙の未来

(1)ダークエネルギー＝宇宙定数なら無限の加速膨張

現在の宇宙はダークエネルギーによって加速膨張をしていると考えられています。したがって、今度は**ダークエネルギーがある場合の宇宙の行く末**を考えてみましょう。

ところがそれは簡単にはわからないのです。ダークエネルギーが宇宙定数なのか、それ以外のエネルギーなのかがわかっていないからです。**ダークエネルギーの性質によって、宇宙の未来はまったく違ってしまう**のですが、ここでは大まかにいって２つの可能性を説明しましょう。

まず、ダークエネルギーが宇宙定数の場合を見てみましょう。

前項のダークエネルギーがないという仮定では、３つの宇宙モデルのうち、閉じた空間だけが潰れる未来像でした。しかし、**ダークエネルギーが宇宙定数なら、３つの宇宙モデルすべてが無限に膨張をつづける**ことになるでしょう。宇宙定数によっていったん加速膨張がはじまると、空間が急激に広がり、閉じた空間と、開いた空間や平坦な空間との実質的な違いはなくなってしまうのです。

では、無限に加速膨張をつづける宇宙とはどのような姿でしょうか。

加速膨張がつづくと、まず、急激な宇宙膨張の影響によって超銀河団の形成は阻害（そがい）されてしまうでしょう。銀河団も、周辺部の銀河は引き離されてしまうかもしれません。宇宙にはコンパクトに密集した銀河団しか残らなくなってしまうでしょう。

そして約50億年から１００億年後、われわれの銀河系は、現在２３０万光年彼方にある**アンドロメダ銀河と、衝突、合体して巨大な銀河になってしまいます。**宇宙膨張の影響はお互いの距離が遠ければ遠いほど強く働くので、いくら加速膨張をしていても近くの銀河同士なら重力の影響のほうが大きいのです。

こうして加速膨張があるにもかかわらず、同様の合体は、宇宙のいたるところで起こるでしょう。特に銀河団の中心部のような銀河が込み入っているところでは、銀河系の数百倍もの大きな銀河ができるかもしれません。そして、**そのような銀河の中心には、太陽質量の何億倍もの超巨大ブラックホールができる**でしょう。

現在の宇宙はまだまだ若く、星をつくる材料（水素ガス）がたくさんあります。しかしそれもだんだんなくなり、数百億年程度で枯渇（こかつ）してしまうでしょう。

そして、それ以降は明るく重たい星は宇宙から消え、銀河に残っている星は、にぶく輝く低温の小さな星だけになっています。

極低温の凍りつく宇宙「ビッグフリーズ」

さらに遠い未来、10の75乗〜10の１００乗年という**はるかな未来には、その超巨大ブラックホールが蒸発する**と考えられます。

ブラックホールに吸い込まれた物質は何であれ、二度と外に戻ることはできないと説明しました。しかし実はこれは本当ではありません。

前に量子力学では「真空からエネルギーが出たり入ったりしている」という話をしました（第4章⑳参照）。１９７５年にイギリスの理論物理学者スティーブン・ホーキングは、この考えをブラックホールのまわりに当てはめてみました。すると、ブラックホールから光子が飛び出すというとんでもない事態となることがわかりました。ブラックホールは火の玉のように光を出して、自分自身をすり減らしていくのです。これを「ブラックホールの蒸発」といいます。

ただし、この蒸発はとてもゆっくり進みます。たとえば太陽質量のブラックホールでは、蒸発するのに10の67乗年もかかります。

銀河系中心部にできた超巨大ブラックホールや宇宙のあちこちにできていた超巨大ブラックホールの場合はもっと時間がかかりますが、それでも10の75乗〜10の１００乗年後には高温を出し、激しく蒸発してしまいます。

その結果、宇宙には宇宙のはじめからあった宇宙マイクロ波背景放射（ＣＭＢ）の光とブラックホールの蒸発で出てきた光しか存在しなくなるのです。そしてその光も宇宙の急激な膨張によって波長が限りなく伸びて、そのエネルギーは限りなくゼロに近くなります。物質（バリオン）は存在せず、ほぼ絶対零度の極低温（きょくていおん）がつづきます。

こうして**宇宙は凍りついたような状態で、無限に膨張しつづける**のです。これを**「ビッグフリーズ」とか「ビッグチル」といいます**。

現在、宇宙は加速膨張をしていることがわかっています。ダークエネルギーが宇宙定数なら、こうした未来像が待ち受けていることになるでしょう。

(2)ダークエネルギー＝宇宙定数以外のものなら壮絶な未来「ビッグリップ」

一方、かなり不思議ですが、宇宙定数やクインテッセンス以外にも膨張によって密度が増えるようなダークエネルギーを可能性としては考えることができます。

この場合の宇宙の未来は壮絶です。**あまりに急激な膨張のため超銀河団どころか銀河団までバラバラにされてしまうでしょう。そして銀河までこなごなに引き裂かれてしまうかもしれません。**そんな宇宙の未来では、取り残された銀河中心の巨大ブラックホールと引き離された無数の星が、果てしなく広がった宇宙空間を他の星と出合うこともなくバラバラにさまよっているでしょう。

惑星系（太陽系のような恒星を中心とする惑星などの集まり）はもう存在しません。宇宙膨張の影響によって惑星も恒星から引き離されて、宇宙に放り出されてしまうからです。

そして膨張の影響はいきつくところまでいきます。

ブラックホールにならなかった星も安閑としてはいられません。こなごなにされてしまいます。それどころか**原子や分子などあらゆる物質が素粒子になるまでバラバラに引き離されてしまいます。**これを「**ビッグリップ**」といいます（リップは引き裂くの意味）。

考えるだけでも恐ろしい結末ですが、個人的にはこのような物質までバラバラになるような極端なことは起こらないのではないかと思います。

そのほか、可能性としていろいろな種類のダークエネルギーを考えることができます。たとえば、エネルギー密度が減少していくダークエネルギーを考えた場合、その減少の度合いによって未来はいろいろ異なってきます。

さまざまなパターンが考えられますが、ダークエネルギー＝宇宙定数がもっとも可能性が高いと思います。

ちなみに、太陽系の未来のこともお話ししておきましょう。もう少し手前の未来の話ですが、**太陽はあと70億年ほどで燃え尽き**、いったん巨大化して外層部を吹き飛ばし、地球ほどの大きさ**の高温の中心部だけが取り残された姿になる**でしょう。

この過程で水星、金星は太陽に飲み込まれ、**地球と火星の軌道が変わり**、お互いが近づいて**太陽系からはじき飛ばされているかもしれません。残っているのは木星以遠の惑星だけでしょう。**

人類がもしそのときまで存続していたとすれば、あるいは新たな知的生命が存在していれば、木星か土星の衛星あたりにいい環境をつくって暮らしているかもしれません。

第6章　世界が変わるすごい宇宙論

32 この世界は本当に3次元なのか？——高次元理論と超弦理論

スクエア氏とサークルさんの不思議な出会い

現在の加速膨張の原因は「ダークエネルギー」なのでしょうか、あるいは「クインテッセンス」なのでしょうか。あるいは、ダークエネルギーの代わりに重力の法則を変形することで説明できないでしょうか。

本書の最後に重力理論の変更のひとつの可能性として、**空間の次元が3次元よりも多いという「高次元理論」**の話をしましょう。

19世紀のイギリスにエドウィン・アボット・アボットという中等学校の先生がいました。アボットは、平面の世界で正方形の形をしたスクエア氏の奇妙な経験のお話『2次元平面国』（邦題『二次元の世界——平面の国の不思議な物語』）を書きました。

ある日、スクエア氏のところにサークルさんという訪問者がやってきました。ところが、そのサークルさんは大きさを変えたり、消えたりするのです。最初は化け物かと思ったスクエア氏ですが、最後にはサークルさんが3次元空間（縦・横・高さ）の世界の住人で、たまたま平面

（縦・横の2次元）を横切ったことを理解するようになるというお話です。

私たちの宇宙もこれと同じようなものかもしれません。スクエア氏が世界（空間）は2次元だと信じていたように、私たちの住んでいる空間は3次元だと信じているだけで、じつはもっと高次元かもしれません。

私たちが感知できない次元が隠れている⁉

物理学では、１９２０年代初めに高次元理論が考えられていました。当時、理論物理学者のテオドール・カルツァとオスカー・クラインは、時間１次元と空間３次元の４次元時空にもう１次元空間を加えた「５次元時空」を考えて、重力と電磁気力を統一する試みをおこなったのです。アインシュタインは一時期、この理論がたいそう気に入ってさらに研究をつづけましたが、結局満足な理論は出ていませんでした。

ところが、**現在のこの「カルツァ＝クライン理論」は5次元時空ではなく「10次元時空（時間1次元＋空間9次元）」あるいは「11次元時空（時間1次元＋空間10次元）」として、形を変えてよみがえっています。**

私たちが感じることができる3次元の空間以外にあと6次元、あるいは7次元の空間がどこかに隠れているというのです。この余分な次元のことを「余剰（よじょう）次元」といいます。

高次元理論が宇宙の〝ダーク連合（ダークマターとダークエネルギー）〟をどのように説明す

るかをお話しする前に、まず高次元理論がどのようにして考えられるようになったかをお話ししましょう。

超弦理論——超対称性をもつ弦の理論

現在主流の統一理論（自然界の4つの力を1つに還元しようとする理論）は「超弦理論」またば「超ひも理論」と呼ばれるものです。いったん姿を消したかに見えたカルツァとクラインの高次元理論は、この超弦理論の中で息を吹き返したのです。

「弦」というのは、たとえばバイオリンの弦を思い浮かべてください。「ひも」というと、糸のようなものを思い浮かべますが、ここで考える「ひも」は、ゴムひものような張力（ひっぱると元に戻ろうとする力）をもっているものを想像してください。

今後は両方とも弦といいましょう。ただしこの弦はとても小さくて、どんなことをしてもその広がりを見ることはできません。

超弦理論の「超」というのは、フェルミオンとボソンのあいだの対称性である「超対称性」のことです（第3章16 17参照）。フェルミオンというのは、電子やクォークのような物質をつくっている素粒子で、ボソンというのは素粒子間にやりとりされて力を伝える素粒子でした。

たとえば電荷をもった電子のあいだに、ボソンである光子がやりとりされて電磁気力が生じます。したがって**超弦理論というのは、超対称性をもった弦の理論**という意味です。

弦の振動の違いがさまざまな素粒子として観測される

さて、現在、電子やクォーク、そして光子など二十数種類もの素粒子が知られています。それらはおのおのが大きさをもたない粒子だと思っていたのが、**じつは小さな小さな１つの弦だというのが超弦理論です。**

素粒子の種類の違いは「弦の振動の激しさ」、つまり「エネルギーの違い」です。**振動が激しいほど、質量の大きな素粒子として観測されるのです。**小さな１つの弦からいろいろな素粒子が出てくるので、まるで〝打ち出の小槌(こづち)〟です。

現在の素粒子論では、物質をつくるフェルミオンのあいだでボソンがやりとりされることで、物質のあいだに力が生じると考えています。そして、やりとりされるボソンの種類によっていろいろな力があるとします。

一方、超弦理論では**「物質も力を伝えるのも突き詰めれば弦の振動」**です。弦と弦がくっついたりちぎれたりすることで、力が伝わるのです。**弦の振動からすべての種類のフェルミオンもボソンも出てくるので、超弦理論ではすべての力がいっぺんに記述できるの**が、なんとなくわかってもらえるでしょう。この力の中にはもちろん重力も含まれていて、これが超弦理論の最大の特徴です。

9次元空間でしか存在できない弦

ところがこの弦が運動する空間は、3次元ではないのです。9次元の空間の中でしか、超弦は存在できないのです。

残念ながら、この理由はとても数学的なもので直観的に説明することはできません。しかし統一理論として超弦理論を考えるとすれば、余剰次元の存在を想定しなければならないのです。では、その余剰次元はどこにいったのでしょう。それは次にお話ししましょう。

33 極小サイズの余剰次元はどこに隠れている？

カブトムシで考える余剰次元

超弦理論を考えると、われわれが認識する3次元空間以外の余剰次元を必ず考えなければなりません。では余剰次元はどこにあるのでしょう。

ちなみに余剰次元のうち、空間ではなく時間がもう1次元ある可能性はあるのか、という質問が出そうですが、それについては因果律（いんがりつ）がめちゃくちゃになってしまうので通常は考えません。

最初の高次元理論である「カルツァ＝クライン理論」ではどう考えていたかを見てみましょう。

図41　余剰次元の存在に気づかない

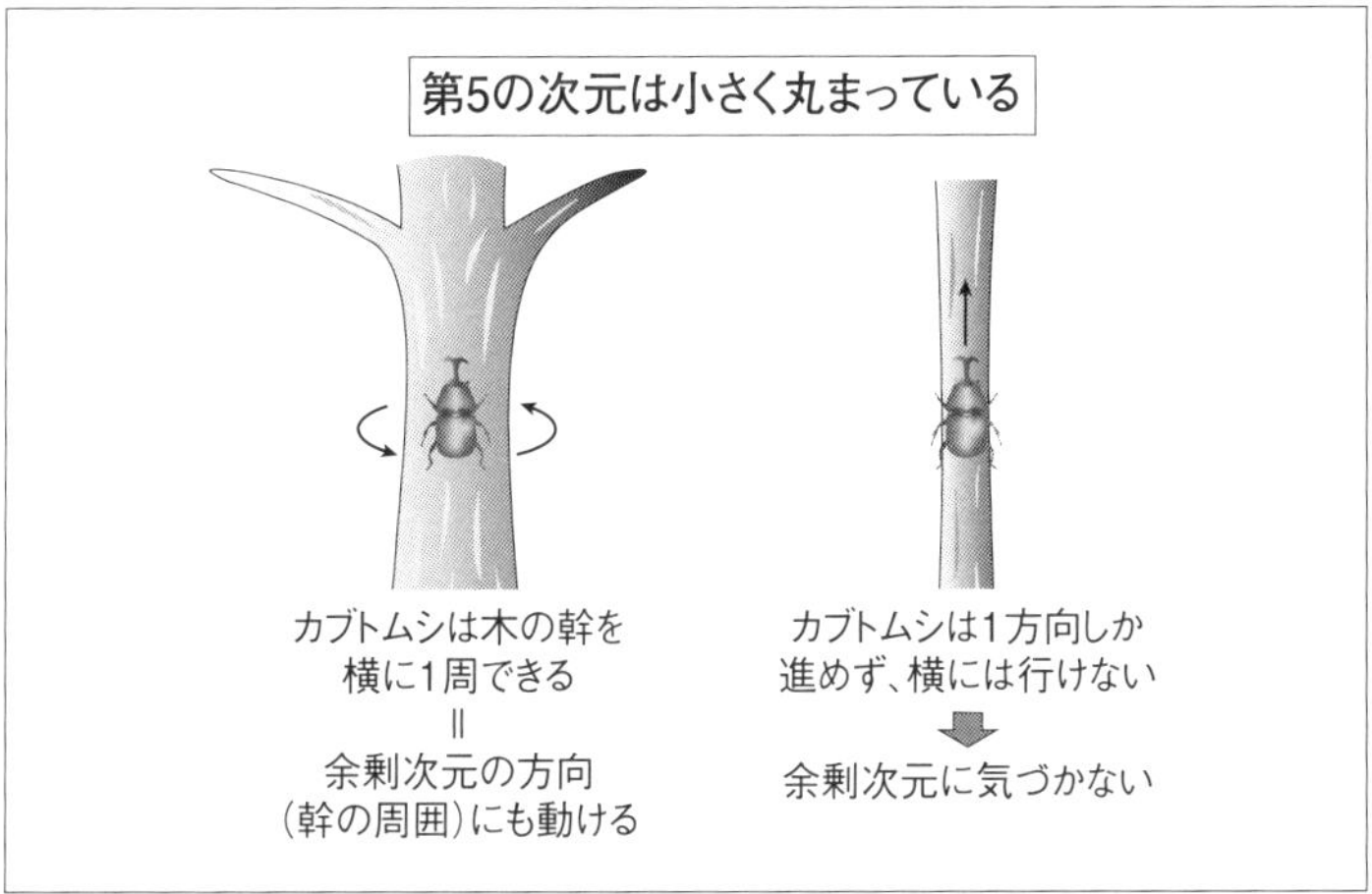

第5の次元は小さく丸まっている

カブトムシは木の幹を
横に1周できる
＝
余剰次元の方向
（幹の周囲）にも動ける

カブトムシは1方向しか
進めず、横には行けない
↓
余剰次元に気づかない

カルツァとクラインは「第5の次元は小さく丸まっている」と考えました。

背の高い木の丸い幹にカブトムシがいるところをイメージしてください。

幹がそのカブトムシの大きさよりも太ければ、カブトムシは幹を1周することができ、幹の表面が2次元的に広がっていることがわかるでしょう。

でも小枝のような幹だったら、カブトムシは幹に沿った1方向しか歩けません。これと同じです。

クラインとカルツァが考えた**余剰次元の半径は「10のマイナス33乗センチメートル」**、これは原子の大きさの1兆分の1の、そのまた1兆分の1程度**という極小サイズ**です。だから余剰次元方向には運動することができず、その存在がわからないのだ、と考えました。

余剰次元の形が3次元空間の形を決める

超弦理論でも、同じように余剰次元は小さく丸まって隠れていると考えます。そしてこの余剰次元の形が、私たちが観測できる3次元空間に影響を与えるのです。現代のカルツァ＝クライン理論では空間が9次元（あるいは10次元）なので、余剰次元の6次元（あるいは7次元）が変われば、当然残った3次元も変わってしまうということです。

現在、私たちが実際に住んでいる3次元空間の形が、見えていない余剰次元の形で決まっているのです。では、私たちの観測している宇宙（3次元空間）を説明する余剰次元の形はどんなものなのでしょう。

ところがこれがわからないのです。というのは、**余剰次元として許される形の種類は、10の100乗以上も存在する**と考えられているからです。このような莫大（ばくだい）な数の中からたった1つ、私たちの3次元空間を説明する余剰次元の形を探す方法がわからないのです。

ちなみに莫大な数の数え方で、10の12乗を「1兆」といいますが、その上にいくと10の16乗を「1京（けい）」といいます。もっと大きな数にも名前がついていますが、最大でも10の68乗で、これを「1無量大数（むりょうたいすう）」というのだそうです（10の88乗説もある）。余剰次元の可能な形の数は、無量大数よりはるかに多いのです。

もっとも、仏教では10の100乗という数はそれほど多くはなく、「不可説不可説転（ふかせつふかせつてん）」というのがあるそうです。「1不可説不可説転」はなんと、10の9304595970494411

0326649421962412032乗です。

余剰次元によってダークエネルギーの値も変わる

さて、この余剰次元は、3次元空間の性質を決めるだけでなく、ダークエネルギーにも関係があるのです。**余剰次元の形の違いによって3次元空間に現れるダークエネルギーの値（あたい）が変わってくる**のです。その中には、ダークエネルギーが現在観測されている値よりもはるかに大きな値を予言するものもあります。

そもそもアインシュタインは、引力である重力と対抗するために反発力である宇宙定数（ダークエネルギー）を考えたのですが、**余剰次元の中には反発力ではなく引力を及ぼすようなダークエネルギーを与えるものもある**のです。

前にお話ししたように、現在の宇宙でのダークエネルギーの値が約72パーセントとわかっているので（第4章22参照）、そのような値を導く余剰次元の形はある程度制限できますが、それでも莫大な数の余剰次元の形が当てはまります。その中から正解をどうやって選ぶのかもわかりません。

この宇宙はオンリー・ワンか、ワン・オブ・ゼムか

超弦理論では、いろいろなダークエネルギーをもった無数ともいえる宇宙の存在が可能です。

その中から、私たちの宇宙がどうやって選ばれたのでしょう。

そこで現在、2つの立場が考えられています。1つはあくまでなんらかの物理法則があって、莫大な数の余剰次元の形の中からたった1つが選ばれて、私たちが現在実際に住んでいる宇宙ができるという立場です。

この考えにしたがえば、必然的に私たちの宇宙だけが存在します。

それに対して、もう1つのほうは、**余剰次元の形の違いに対応して無数の宇宙（マルチバース、多重宇宙）が実際に存在する**が、特定の値のダークエネルギーをもった宇宙だけに人間のような高等生命が誕生できて、宇宙を認識できるとするのです。

ほかの宇宙は存在するが、「宇宙とは何だろう」を問う知的生命体が存在せず、あってもないようなものだというのです。

みなさんはどう思いますか？

34 重力が〝見えない世界〟の存在を教える――ブレーン宇宙論

弦の集合体「Dブレーン」

これまで説明してきた「超弦理論」では、現在の加速膨張の原因はやはりダークエネルギーです。そして超弦理論が示す「余剰空間」（いままでは余剰次元といってきましたが、これからは「空間」であることを強調するために余剰空間ということにしましょう）の形状によって、ダークエネルギーの値が変わってきます。

そこで、なんらかの方法で余剰空間の形状が決められるなら、現在観測されているダークエネルギーの値が説明できるかもしれません。超弦理論によって、「なぜダークエネルギーが現在観測されている値をとっているのか」という物理学の最大の難問が解けるのではないかという期待が膨らみました。ところが事情はそれほど単純ではないことは、すでに説明したとおりです。

一方、1990年代末あたりから、超弦理論でダークエネルギーやダークマターの存在を仮定することなく、宇宙の加速膨張を説明する研究がさかんにおこなわれるようになりました。そのきっかけは「Dブレーン」と呼ばれるものの発見です。そこでまず、超弦理論におけるDブレーンの説明からはじめましょう。

超弦理論の基本的な構成要素は弦でした。ところが1990年代中頃から、**弦以外の存在が認識されるようになりました。それが「Dブレーン」です。**Dブレーンが何かを理解するには、もう少しくわしく超弦理論の説明をしなければなりません。

超弦理論の弦には「閉じた弦」と「開いた弦」の2種類があります。閉じた弦というのは、輪ゴムのようなものを想像してください。開いた弦とは閉じていなくて、両端のある弦です。

開いた弦の振動は、重力以外の力を伝える素粒子「ボソン」を表します。この**開いた弦が集まってある集合体（かたまり）をつくる**ことがわかってきました。さらに開いた弦は、その端をこの集合体にくっつけるという習性をもっていることもわかってきました。この端は、自由に集合体上を移動するのです。

集合体の立場からすると、くっついた弦の先端が見えるだけなので、その姿はまるで粒子のようにふるまって見えます。この集合体を「Dブレーン」と呼び、平らな膜、立方体などいろいろな次元のものが存在するのです。

DブレーンのDとは、ディリクレ（Dirichlet）という数学者の名前の頭文字をとったものです。ディリクレは19世紀のドイツの数学者で、一般に端を固定したときの弦の振動を考えたのです。Dブレーンのブレーンは、膜という意味の英語 membrane からとったものです。

私たちの宇宙は高次元の空間に浮かんだDブレーン

超弦理論はもともと弦を基本要素として出発したのですが、いろいろな次元のDブレーンも弦と同等の基本要素とみなすことができることがわかりました。すると新たに、**私たちの宇宙が、「高次元の空間に浮かんでいる、3次元の広がりをもったDブレーンではないか」という考え**が出てきたのです。

イメージとしては、茶筒のような円筒を思い浮かべてください。茶筒のふたに当たる部分（上

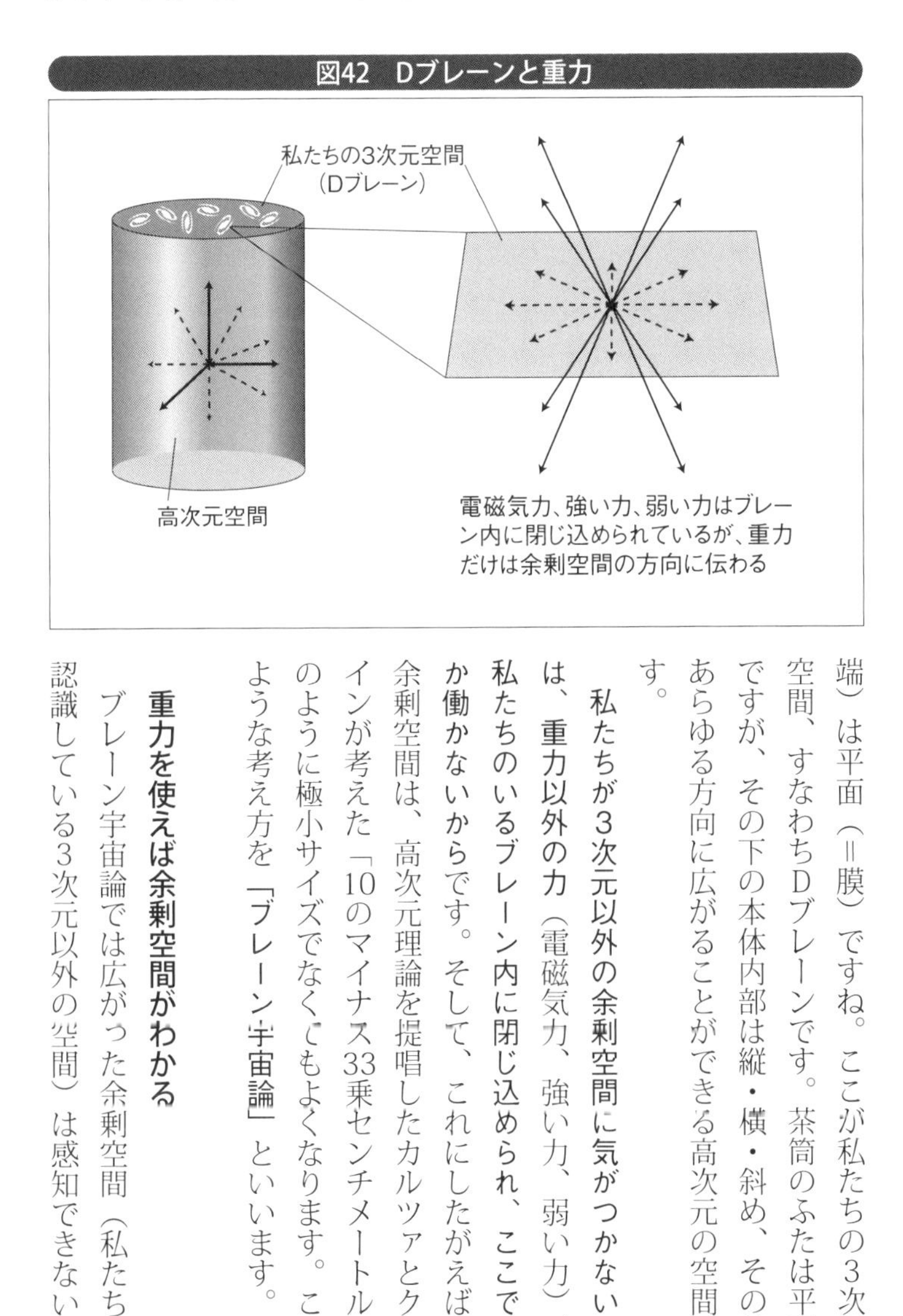

図42　Dブレーンと重力

端）は平面（＝膜）ですね。ここが私たちの3次元空間、すなわちDブレーンです。茶筒のふたは平面ですが、その下の本体内部は縦・横・斜め、その他あらゆる方向に広がることができる高次元の空間です。

私たちが3次元以外の余剰空間に気がつかないのは、重力以外の力（電磁気力、強い力、弱い力）が私たちのいるブレーン内に閉じ込められ、ここでしか働かないからです。そして、これにしたがえば、余剰空間は、高次元理論を提唱したカルツァとクラインが考えた「10のマイナス33乗センチメートル」のように極小サイズでなくてもよくなります。このような考え方を「ブレーン宇宙論」といいます。

重力を使えば余剰空間がわかる

ブレーン宇宙論では広がった余剰空間（私たちが認識している3次元以外の空間）は感知できないと

図43　逆2乗の法則

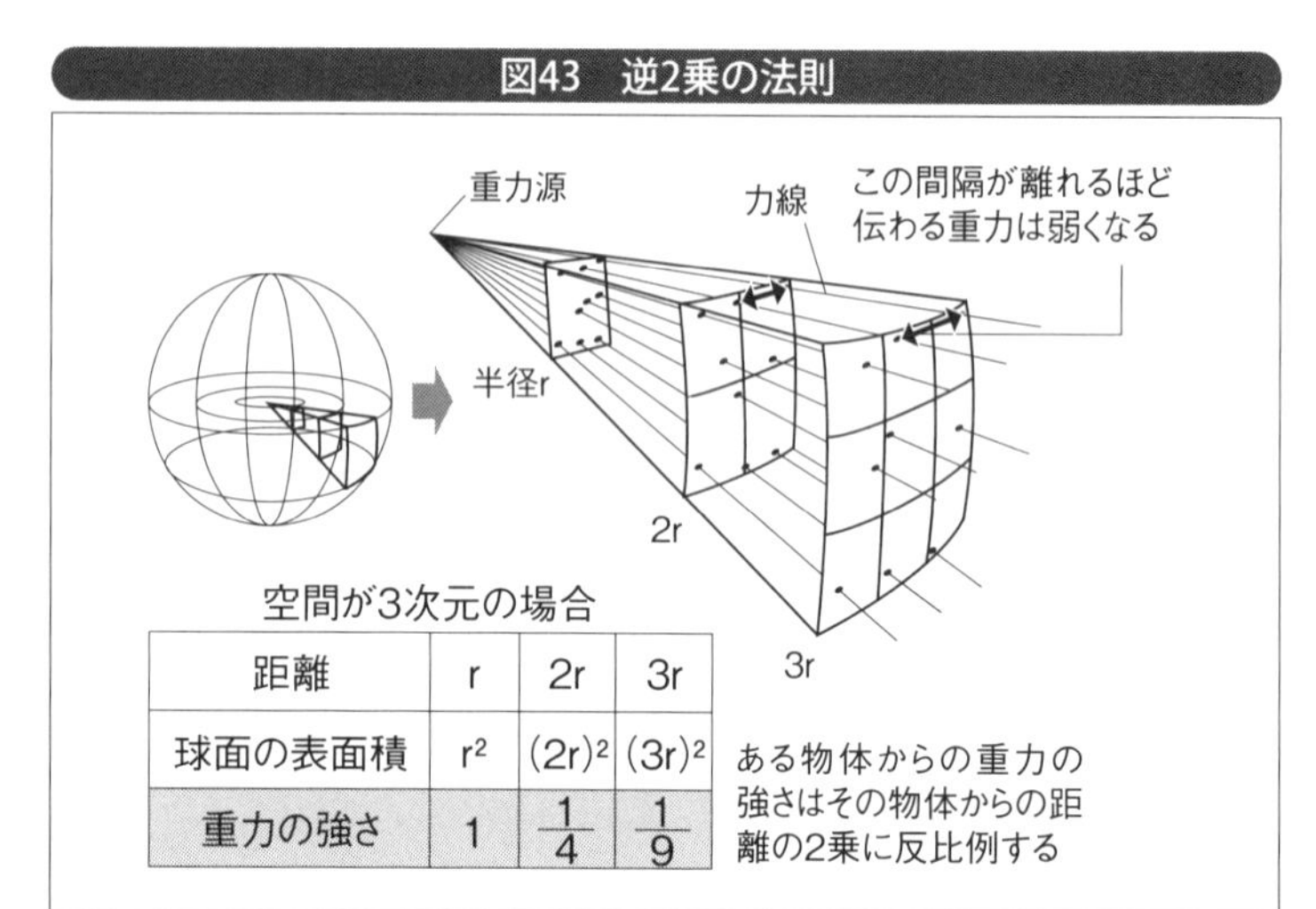

距離	r	2r	3r
球面の表面積	r^2	$(2r)^2$	$(3r)^2$
重力の強さ	1	$\frac{1}{4}$	$\frac{1}{9}$

いいましたが、たった1つだけ感知する方法があります。それはブレーン内に閉じ込められていない力「重力」を利用することです。

重力を伝える「重力子（じゅうりょくし）」というボソンは、閉じた弦の振動から出てきます。そして閉じた弦はブレーンを離れ、自由に余剰空間に飛び出していくことができるのです。

したがって余剰空間の存在、そして、その次元数も、重力を使った実験で調べることができます。このメカニズムは簡単なので説明しましょう。

ある物体からの重力の強さは、その物体からの距離の2乗に反比例するという、「逆2乗の法則」というものがありましたね（第2章5参照）。ニュートンの万有引力の法則によるもので、距離が2倍遠くなれば受ける力は4分の1になり、3倍離れると9分の1になるということです。**逆2乗の法則はすべての物体のあいだに働く力（重力）として物理学**

図44　逆3乗則と逆4乗則

空間が4次元の場合

距離	r	2r	3r
球面の表面積	r^3	$(2r)^3$	$(3r)^3$
重力の強さ	1	$\frac{1}{8}$	$\frac{1}{27}$

空間が5次元の場合

距離	r	2r	3r
球面の表面積	r^4	$(2r)^4$	$(3r)^4$
重力の強さ	1	$\frac{1}{16}$	$\frac{1}{81}$

空間の次元数によって重力の強さが変わる

の基本となるものですが、じつは空間の次元によって変化します。
つまり、**基本法則がくつがえされる**のです。

重力は、重力源から四方八方にまっすぐに手が伸びることで伝わっています。この手を「力線（りきせん）」といいます。1点から力線が放射状に出ている様子がイメージできましたか。

そして力線が出ている点を原点として、それを取り囲む球面を考えてみましょう。球面を貫く力線の間隔は、球面が大きくなればなるほど離れていきます。この力線の間隔が、原点から伝わる力の強さを決めるのです。大きな球面ほど力線の間隔が離れているので、伝わる力（＝重力）が弱くなることがわかるでしょう。

力の弱まり方は、球面の広がり具合で決まります。球面の広がり具合は、中学の数学（球の表面積＝$4\pi r^2$）を思い出してもらえばわかるように、「半径（r）の2乗」で広がっていきます。だから**重力は距離（半径r）の2乗に反比例して弱くなる**のです。

さて、ここから本題です。「半径rの球の表面積が、半径rの2乗に比例する」と2乗になっているのは、空間の次元が3次元だからです。空間の次元が3次元より多くなれば、球は3次元以外の方向にも広がることができるので、その表面積はもっと大きく広がります。

たとえば空間の次元が4次元なら、表面積は半径の3乗に比例して大きくなり、空間の次元が5次元なら、表面積は半径の4乗に比例して大きくなるのです。

このことは、空間が4次元なら、重力の強さは距離の3乗に反比例して弱くなり（逆3乗則）、空間の次元が5次元なら、重力の強さは距離の4乗に反比例して弱くなる（逆4乗則）ということです。

このように、**重力の強さが逆2乗則にしたがっていなければ、そこには余剰空間があることがわかり、その値によって、空間の次元数もわかります。**

したがって、2つの物体のあいだの重力の強さが、それらの間隔とともにどのように変わっていくかを測定していけば、逆2乗則の破れがいつ現れるかが明らかになるでしょう。では、どのくらいの間隔で破れが現れるでしょうか。

35 0・1ミリの異空間がすぐそこに!?

重力が非常に弱い力なのはなぜか

重力の強さを測ることで空間の次元数を決めることができ、この世界が高次元かどうかがわかる、という話をしました。では、現在までの実験で、どの程度、重力が「逆２乗則」にしたがうこと、すなわち空間が３次元であることが確かめられているのでしょう。

惑星の運動の精密な観測から、重力が逆２乗則にしたがうことは精度よく確かめられていると思うかもしれません。それはそのとおりなのですが、短い距離での重力の測定はそう簡単ではありません。なぜなら、重力というのは、４つの力の中でも非常に弱いものだからです。

たとえば、２つの電子のあいだに働く**電磁気力と重力を比べてみると、「重力のほうが電磁気力よりも10のマイナス30乗倍も弱い」**のです。したがって完全に電気的に中性の環境で、完全に電荷をもたない粒子を用意してこなければ、重力の精密な測定はできません。まわりに電子が数個でもあれば、重力の効果など吹き飛んでしまうほど電磁気力の影響が強くなってしまいます。

では、なぜ惑星の運動は精密に測ることができるのかといえば、それは太陽や惑星の質量が莫大だからです。粒子１個１個の及ぼす重力はきわめて小さくても、それが莫大な数集まれば強くなるのです。「ちりも積もれば山となる」のです。

0・1ミリ以下の世界は3次元ではないかも!?

ということで、実験によって逆２乗則が確かめられているのは、それはど小さな距離ではありません。せいぜい０・１ミリメートル程度です。つまり、「0・1ミリメートル以下の世界は、

3次元かどうかはわからない」のです。

私たちの慣れ親しんだ重力の法則がミクロの世界では通用しないのです。このことは、ある側面では都合のよいことをもたらします。

物理学者の究極の目的は4つの力の統一です。それを阻(はば)んでいる障害のひとつは、重力がほかの力に比べてあまりに弱いことです。しかし**重力が弱いのは、空間の次元が3次元だと思っているからではないでしょうか。**余剰空間があると、ミクロの世界では重力の強さは大きくなり、ほかの力と変わらなくなります。こうして高次元理論では4つの力の統一への道が大きく開けるのです。

0・1ミリメートルというのは人間から見ると小さい距離ですが、ここでの話の中では莫大な距離です。なにしろ従来の超弦理論では、余剰空間の大きさは10のマイナス33乗センチメートルくらいと考えてきたのですから。

このことから、**余剰空間の大きさは、0・1ミリメートル以下なら存在が許される**ことになります。0・1ミリメートルといえば、虫眼鏡でも見えるくらいです。そんなに大きな余剰空間が、3次元空間のいたるところに隠れているのに気がつかないなんて、とても不思議ですね。

余剰空間は無限大かもしれない⁉

余剰空間の大きさについては、もうひとつ、私たちの住んでいる3次元空間と同じように無限

に広がっていてもよいという考え方もあります。そんなことがどうして可能かと思うでしょう。これまでの話からいくと、もし余剰空間が無限に広がっていたら、惑星の運動で逆2乗則が成り立っていないことになってしまいます。

もう一度、空間の次元と重力の法則の関係の話を思い出してもらうと、重力を伝える力線が余剰空間全体に広がるから、空間の次元と重力の法則が関係するのでした（34参照）。したがって、**もし余剰空間が大きく広がっていても、重力の力線が余剰空間方向には広がらなければ、余剰空間方向に重力は伝わらない**ことになります。

そこで、余剰空間をギューッと絞（しぼ）って、力線の通り道を狭（せば）めてしまうと、それが可能になります。余剰空間は無限に広がっているのですが、いわば〝先細り〟になっているのです。

ただしこの場合、重力がわずかに余剰空間方向に漏（も）れることができます。

たとえば遠くで星が大爆発したとき、そのエネルギーの一部がまわりの空間を震（ふる）わせ、その振動が波として伝わる現象があります。この空間の振動が伝わる現象を「重力波（じゅうりょくは）」といいました。

もし余剰空間があると、遠方の超新星爆発によって放出された重力波がこちらまで伝わるあいだに余剰空間方向にわずかに漏れることが考えられるので、重力波を精度よく観測すれば余剰空間についての情報を得ることができます。

ただし、重力波の観測も容易ではありません。銀河系の中心で星が大爆発したとしても、そこから出てくる重力波は「太陽と地球の間隔を陽子1個分だけ変化させる」にすぎません。

そのようなわずかな空間の変形を検出する重力波望遠鏡は、日本を含めてすでに世界中でいくつかつくられています。ただし、現在稼働中の重力波望遠鏡では、余剰空間の存在を確かめるほどの精度はありません。何十年後かには、高精度の重力波望遠鏡ができて余剰空間の存在が確かめられるかもしれません。

36 高次元理論なら〝ダーク連合〟は必要なし？

ダークマターがなくても足りない重力の説明はつく？

高次元理論は、宇宙の〝ダーク連合（ダークマターとダークエネルギー）〟をどのように説明するのでしょうか。高次元理論では、ダークマターもダークエネルギーも必要ないのでしょうか。

まず、ダークマターの存在がなぜ必要とされたかを思い出してみましょう。

たとえば、銀河の集団である銀河団には、なぜダークマターが大量に含まれていると考えたのでしょう。それは銀河団の中の銀河がとても速い速度で運動しているのが観測されたからでした（第2章6参照）。

観測された速度では銀河は銀河団から飛び出しているはずなのに、実際にはそうなっていないか

図45　余剰空間を伝わる重力

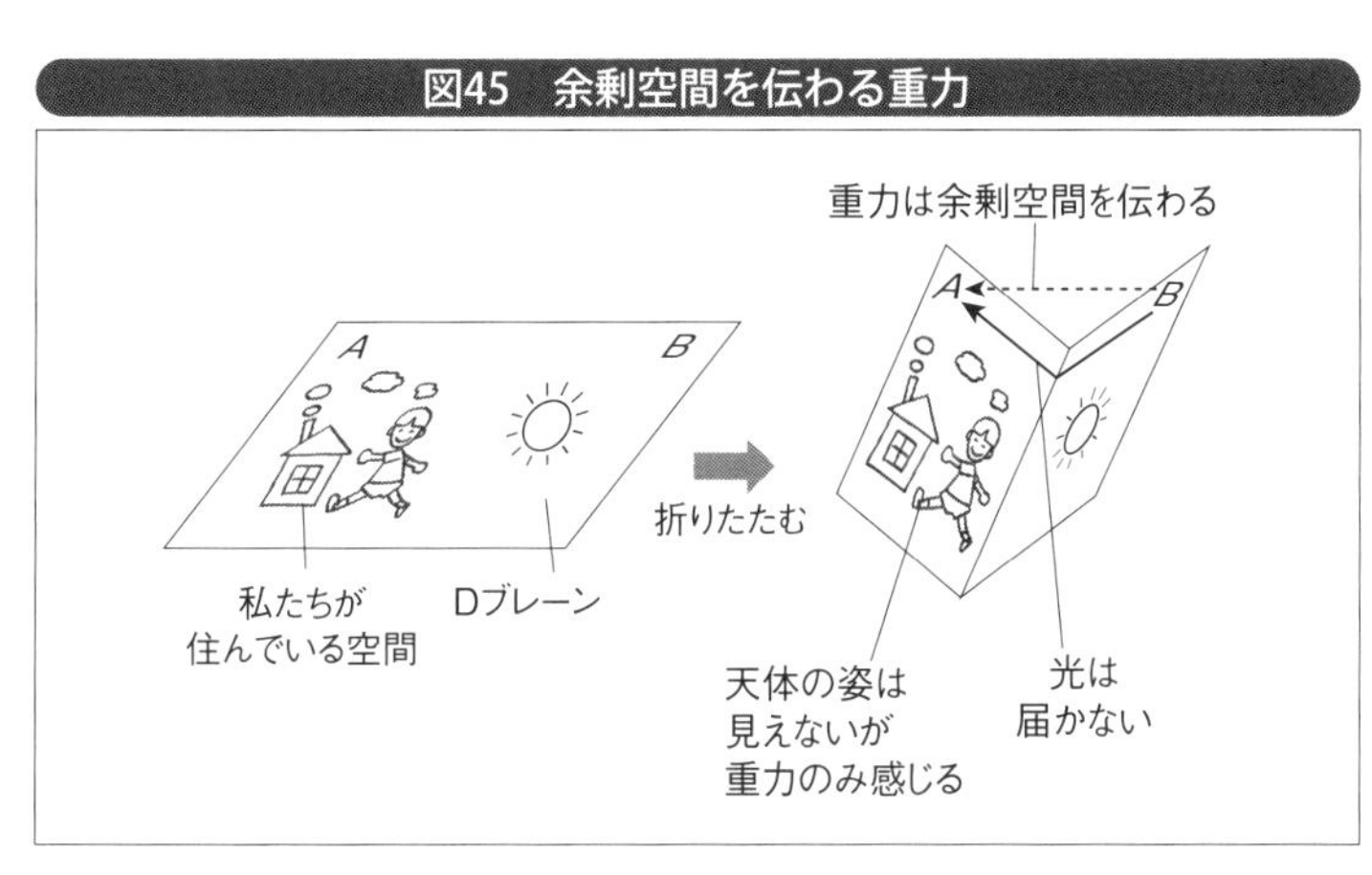

った――このことから、銀河団には見えない質量（ミッシング・マス）が大量に含まれていて、その重力が銀河を引き止めていると考えたのでした。

要するに、**見えている物質だけでは重力が足りないのでダークマターが導入された**のです。

そこで、次のように考えたらどうでしょう。私たちの宇宙である空間次元は３次元のＤブレーンが折りたたまれたようになっていて、余剰空間方向のすぐそばに私たちのＤブレーンがあると思うのです。

姿は見えずに重力だけが伝わる

３次元だとイメージしにくいので、次元を１次元下げて、３次元空間の中での１枚の紙（２次元の面）を考えてみましょう。この紙を私たちが住んでいる空間とみなします。この紙の２カ所に印Ａ、Ｂをつけて、１つの印Ａの近くに私たちが住んでいるとします。次にこの紙を２つの印がくっつくように真ん中から折りたたみます。これで準備完了です。

光は紙の上を通ってしか伝わらないため、印Bから出た光が印Aまで届くには長い距離を走らなくてはならず、遠くて見えません。

しかし**重力は余剰空間を伝わることができ**、余剰空間方向（紙の面ではない方向）にはAとBはすぐ近くなので、**Bの付近の天体の重力が私たちの近くのAのところに伝わることができます。**

私たちにはBのまわりの物質は見えないのですが、それらの重力だけは感じるのです。これは**まさにダークマターのようなもの**ではありませんか。

こうして私たちがなんらかの理由で折りたたまれたDブレーンに住んでいるとしたら、ダークマターを必要とした現象をダークマターなど導入することなく、Dブレーン上の遠方からの重力で説明できるのです。

ダークエネルギーがなくても加速膨張の説明はつく？

次はダークエネルギーです。ダークエネルギーは現在の宇宙の加速膨張を説明するために導入されました。本来重力は引力なので、宇宙膨張を引き止めて、膨張の速度をだんだん遅くするはずです。**現在の宇宙の膨張速度がだんだん速くなっているということは、重力に打ち勝つだけの反発力が必要なのではないか、そしてそれがダークエネルギーだと考えたのでした。**

では、宇宙全体では重力は考えていたほど強くはないとしたらどうでしょう。

重力の法則は太陽系内の惑星の運動では精密に検証されていますが、もっともっと大きいスケールではそれほど精密に検証されているわけではありません。

ましてや、**宇宙全体というスケールでは、重力の法則自体が変わっている可能性だって否定できない**のです。０・１ミリメートル以下の世界では、重力の逆２乗則があてはまらない可能性と同じようにです。

宇宙を伝わるあいだに重力が弱くなって……

ブレーン理論では重力は余剰空間にも伝わることができますが、余剰空間の方向にあまり漏れ出てしまうと、私たちが住んでいる３次元空間上での重力が弱くなって、太陽系内で検証されている重力の法則と矛盾(むじゅん)してしまいます。そこで余剰次元方向を絞り込むことで、重力が余剰空間方向に漏れ出ることを防いだのでした（35参照）。

しかし**重力がブレーン上を宇宙の遠い遠い端まで伝わっていくあいだに、少しずつ漏れ出ること**は考えられます。すると、宇宙の端に伝わる重力は弱くなって、**宇宙膨張を引き止めることができなくなるかもしれません**。

こうしてブレーン宇宙論ではダークエネルギーの存在を仮定しなくても、宇宙の加速膨張が説明できる可能性があるのです。

現時点ではここで述べたことは、あくまで可能性の話です。だいいち、本当に余剰空間があるのかもわかっていません。

しかし近い将来、**加速器**（電子・陽子などの荷電(かでん)粒子を高速度に加速する装置。37参照）**の実験で余剰空間の存在が確認できる、と考えている研究者も少なくはない**のです。もし余剰空間が存在したら、3次元だとばかり思っていた私たちの空間に対する常識は一変してしまうでしょう。

37 人工ブラックホールで余剰空間を見つけよう

高次元時空では短い距離ほど重力は強くなる

みなさんの中には「余剰空間なんて、物理学者は夢物語にうつつを抜かしているな」と感じる方もいるかもしれません。実際、物理学者の中でさえ余剰空間なんて考えるより、もっと現実的な問題を考えたほうがいいと思っている人も少なくありません。

しかし余剰空間を考えている物理学者は、その実在を信じて、どうやって存在することを証明するかを考えています。**余剰空間があると「ミニブラックホール」が実験室でつくれる**ので、それをつくってしまえ、というのです。

なぜ余剰空間があるとミニブラックホールがつくれるのでしょう。

少し前に、３次元空間では重力がなぜ逆2乗則にしたがうのかという説明をしました（34図43、44参照）。そのとき空間の次元が４なら、重力は逆３乗則にしたがい、空間次元が5なら逆４乗則にしたがうことも話しました。

ちょっとおさらいしておきますと、次元というのは空間の広がりのことです。私たちが感じている3次元空間には縦、横、高さの３方向がありますね。それを３次元といいます。空間の次元が4なら、横、奥行き、高さに加えて、（直観的には考えにくいのですが）もう１つの方向があることになります。

このように、**重力の法則は余剰空間の次元（いくつの方向に広がっているか）に関係があるのです。**

たとえば、余剰空間の次元が3としましょう。すると、私たちの経験する3次元空間と合わせて空間の次元は全部で6、６次元空間となり、重力は逆5乗則にしたがうことがわかります。

6次元空間では、重力源から半径ｒ離れると、重力の強さはｒの5乗分の1になるということです。具体的にいえば、重力源からの距離が2倍になると、２の５乗は32ですから32分の１に弱くなるということです。

今度は逆に重力源に近づいてみましょう。たとえば重力源からの距離が半分になると、重力の強さは32倍に強くなります。３次元空間で逆2乗則の場合は、２の２乗で4倍になるにすぎません。数式が苦手な人は、そういうものだと受け止めてください。

こうして高次元時空では重力の強さは、短い距離にいけばいくほど、３次元空間での場合よりもどんどん強くなっていくのです。

素粒子間の重力が余剰空間の方向に伝わるとき

そこで、次のようなことが考えられます。人間のスケールでは０・１ミリメートル以下と非常に小さな余剰空間でも、素粒子から見れば巨大な空間です。素粒子は私たちの３次元空間（３次元Ｄブレーン）内に閉じ込められていて、素粒子がいくら小さくても余剰空間の方向に動くことはできません。

しかし、２つの素粒子のあいだに働く重力は別です。重力は、私たちの感じることができる３次元空間方向以外の「余剰空間の方向」にも伝わることができます。

でも、素粒子間の距離が余剰空間より大きいと、重力といえども余剰空間の方向に伝わることはできません。素粒子同士がどんどん近づいてきてお互いの距離が余剰空間の大きさ程度になると、素粒子間に働く重力は余剰空間の方向にも伝わることができるようになります。

すると、素粒子間の重力は、私たちが通常考えていた強さよりももっと強くなってくるのです。

ボールとゴムひもで考えてみる

図46　素粒子間の重力の伝わり方

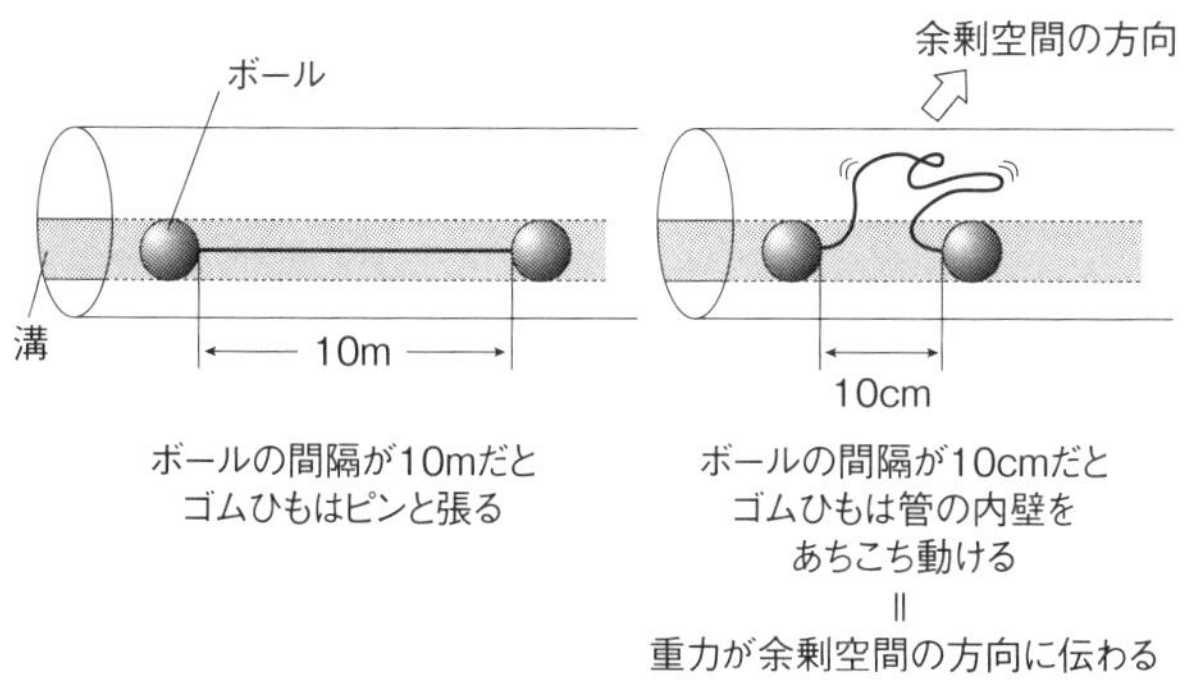

このことがわかりにくければ、簡単な例を考えてみましょう。

いま図46のような長い管が水平においてあって、管の内壁には管の方向に沿って1本のまっすぐな溝が彫ってあるとします。そしてこの溝の中に2つの小さなボールがあって、ボールは溝の中だけしか動かないとします。

さらに2つのボールにはゴムひもがつけてあって、お互いに引っ張り合うようになっています。ただし、ゴムひもはボールと違って溝の中だけでなく、たるみがあれば、溝から出て管の内壁上を自由に動くことができるとします。そうです、ヘビのように自由に動き回れるのです。

さて、2つのボールの間隔が10メートルのとき、2つのボールをつないでいるゴムひもはピンと張った状態としましょう。管の内壁に沿って多少揺れ動いたとしても管方向の長さのほうが圧倒的に長いので、ほとんど直線に見えますね。

ところが、ボールの間隔がわずか10センチメートル程度になったらどうでしょう。ボールとボールをつないでいるゴムひもはたるんでいるので、管の内壁上をくねくねと自由に動けます。ゴムひものたるみは内壁上に広がっていますので、もはや直線とはいえません。

ゴムひもを重力が伝わる力線と考えてもらえば、素粒子同士の間隔が非常に近くなると、そのあいだに働く重力は余剰空間の方向（いまの例では壁の内壁）にも伝わることができるという意味が、なんとなくわかりましたか。

そして前述のように、素粒子間の距離は非常に短いので、重力はとても強くなるのです。

余剰空間の次元が多いほどブラックホールができやすい

このように素粒子同士の間隔が近くなると重力が強くなるわけですが、それはすなわち、ブラックホールができやすくなるということでもあります。また、余剰空間の次元が多ければ多いほど、それぞれの余剰空間の方向に広がれるため素粒子間に働く重力が強くなり、ブラックホールができやすくなります。

こうしてもし余剰空間が実在すれば、加速器を使って素粒子同士を激しく衝突させる実験で、ブラックホールをつくれるのではないかと考えられるのです。

高エネルギー陽子をぶつけるCERN（セルン）の実験

ＣＥＲＮ（ヨーロッパ合同原子核研究機構）はスイスのジュネーブ郊外、スイスとフランスをまたぐ地域にあるヨーロッパの共同研究所で、２００９年から、ＬＨＣ（Large Hadron Collider：巨大ハドロン衝突装置）という巨大加速器を本格稼働させせました。

この加速器は1周27キロメートルの地下トンネルに設置され、強力な磁石によって陽子を7兆電子ボルトまで加速して、正面衝突させるのです。

「電子ボルト」というのは電子1個を1ボルトの電圧で加速したとき電子が得るエネルギーのことです。といってもピンとこないかもしれません。

普通私たちが使うエネルギーの単位はカロリーですが、1カロリー（1グラムの水の温度を1度上げるのに必要なエネルギー）は、２・６×10の19乗電子ボルトです。

これに比べると、７兆（７×10の12乗）電子ボルトはたいしたことはないと思うかもしれませんが、1グラムの水の中には10の23乗個程度の水分子が含まれていることを考えると、1カロリーというのは水分子1個あたり10のマイナス4乗電子ボルト程度のエネルギーを与えることにしかなりません。

そう考えると、陽子1個に7兆電子ボルトものエネルギーを与えることが、いかにすごいことかわかるでしょう。

陽子同士の衝突で14兆電子ボルトのエネルギーが発生しますが、これはビッグバンから1兆分の1秒後の高エネルギー宇宙の再現となります。

ブラックホールの蒸発から余剰空間を確かめる

このLHCを使っていろいろな実験がおこなわれています。ダークマターを探すというのもそのひとつですが、余剰空間の存在を検証するという実験も考えられています。

莫大なエネルギーをもった陽子同士が正面衝突すると、瞬間的に非常に密度の高い状態が実現され、もし空間次元が3次元よりも大きい場合、重力が強くなって小さな小さなブラックホールができる可能性があるのです。

もしブラックホールができても、そのような小さなブラックホールは、ホーキングが予言しているようにすぐ蒸発してしまいます。しかし、この蒸発で出てくる電磁波のガンマ線を観測することによって、ブラックホールができたこと、そして余剰空間が存在することが確かめられるのです。

余剰空間は本当に存在するのでしょうか。4つの力の統一のためには、余剰空間の存在が必要だと考えている物理学者は多くいますが、その答えはもうすぐわかるかもしれません。

著者略歴

一九五三年、北海道に生まれる。京都大学理学部を卒業後、ウェールズ大学カーディフ校応用数学・天文学部博士課程を修了。東北大学大学院教授をへて、京都産業大学理学部宇宙物理・気象学科教授。東北大学名誉教授。一般相対性理論、宇宙論が専門。

著書には『ブラックホールに近づいたらどうなるか?』『宇宙人に、いつ、どこで会えるか?』(以上、さくら舎)、『やさしくわかる相対性理論』『図解雑学 宇宙137億年の謎』(以上、ナツメ社)、『ここまでわかった宇宙の謎』(講談社+α文庫)、『宇宙の果てを探る』(洋泉社カラー新書)、『どうして時間は「流れる」のか』(PHP新書)、『日本人と宇宙』(朝日新書)などがある。

本書は2011年8月、静山社より刊行された『宇宙には何があるのか』に大幅加筆、再編集をし、改題したものです。

宇宙(うちゅう)の謎(なぞ) 暗黒物質(あんこくぶっしつ)と巨大(きょだい)ブラックホール

二〇一九年一〇月一三日 第一刷発行
二〇一九年一一月二二日 第三刷発行

著者 二間瀬敏史(ふたませとしふみ)
発行者 古屋信吾
発行所 株式会社さくら舎 http://www.sakurasha.com
東京都千代田区富士見一-二-一一 〒一〇二-〇〇七一
電話 営業 〇三-五二一一-六五三三 FAX 〇三-五二一一-六四八一
編集 〇三-五二一一-六四八〇 振替 〇〇一九〇-八-四〇二〇六〇
装丁 アルビレオ
本文組版 朝日メディアインターナショナル株式会社
印刷・製本 中央精版印刷株式会社

ISBN978-4-86581-220-6